Mineralbeispiele für die verschiedenen Kristallsysteme:

1. Kubisch: Fluorit von Ribadisella, Spanien.
2. Tetragonal: Xenotim von Amstall, Österreich.
3. Hexagonal: Vanadinit von Mibladen, Marokko.
4. Trigonal: Rhodochrosit von Sta. Eulalia, Mexiko.
5. Orthorhombisch: Aeschynit von Mølland, Norwegen.
6. Monoklin: Vivianit von Morococala, Bolivien.
7. Triklin: Laueit von Hagendorf, Ostbayern.

Rupert Hochleitner

GU Naturführer
Mineralien und Kristalle

Mineralien nach Strichfarben bestimmen

GU
Gräfe und Unzer

Mineralien bestimmen – leicht gemacht

Der »GU Naturführer Mineralien« ist für Mineraliensammler maßgeschneidert: Handliches Einsteck-Format, strapazierfähiger Einband und nur 300 Gramm Gewicht machen ihn zum idealen Bestimmungsbuch für unterwegs und zu Hause.

Wer Mineralien sammelt, weiß, daß kein Stück dem anderen gleicht – gerade dieser so reizvolle Aspekt erschwert das Bestimmen. Um auch weniger Erfahrenen die Bestimmung ihrer Funde so leicht wie möglich zu machen, wurde ein Bestimmungssystem gewählt, das ebenso einfach wie sinnvoll ist: Die Mineralien sind nach Strichfarben, dem sichersten Bestimmungsmerkmal, geordnet; signalfarbene Griffmarken – außen am Buch deutlich sichtbar – helfen beim Auffinden des gesuchten Minerals. 600 brillante Farbfotos, zwei Drittel wurden für dieses Buch neu aufgenommen, zeigen typische Stücke. Präzise Beschreibungstexte enthalten alle fürs Bestimmen wichtigen Angaben, als zusätzliche Bestimmungshilfen Kristallzeichnungen und Lagerstätten-Symbole (Erklärung →unten). Die »Kleine Mineralienkunde« liefert Grundwissen und die Erklärung von Fachbegriffen (→Seite 250), Zeichnungen und Farbfotos am Anfang und Schluß des Buches helfen beim Erkennen der Kristallsysteme.

Erläuterung der Beschreibungstexte

Die Beschreibungstexte des Buches enthalten alle Informationen, die Sie fürs Bestimmen brauchen. Nach dem bewährten Bestimmungsschlüssel, wie er auch von Fachmineralogen angewandt wird, stehen Strichfarbe und Härte als wichtigste Eigenschaften an erster Stelle.
Ziffern bei den Mineraliennamen und Farbfotos: Beschreibungstext und dazugehöriges Farbfoto tragen dieselbe Nummer. Beschreibungstexte ohne Nummer haben keine Abbildung. Außer dem internationalen Namen des Minerals ist häufig auch der gebräuchliche Zweitname genannt. Lagerstätten-Symbole neben dem Mineraliennamen signalisieren die wichtigsten Lagerstättentypen des Minerals. Die Kristallzeichnungen zeigen typische Kristallformen des Minerals. Fehlen Kristallzeichnungen, kommt das Mineral in der Regel nicht in Kristallen vor. Angaben über Fundort und Abbildungsmaßstab finden Sie auf der Textseite rechts unten. Die meisten Mineralien sind vergrößert abgebildet (Beispiel: 5fach), wenige kleiner, als sie in Wirklichkeit sind (Beispiel: 0,5fach).

Erklärung der Lagerstätten-Symbole

- ⊗ Vorkommen in den verschiedensten Lagerstätten
- ⊛ Vorkommen in Tiefengesteinen, Pegmatiten und pneumatolytischen Lagerstätten
- ⦿ Vorkommen in hydrothermalen Gängen
- O_2 Vorkommen in der Oxidationszone
- ⊕ Vorkommen in Sedimenten und sedimentären Lagerstätten
- ⦾ Vorkommen in metamorphen Gesteinen und Lagerstätten
- ⦁ Vorkommen in vulkanischen Gesteinen oder Lagerstätten
- ✪ Vorkommen in Meteoriten

So gehen Sie beim Bestimmen vor

Um ein Mineral zu bestimmen, müssen Sie alle im Steckbrief aufgeführten Eigenschaften prüfen – und zwar in dieser Reihenfolge:
Strichfarbe – Härte – Dichte – Mineralienfarbe/Glanz – Spaltbarkeit/Bruch – Tenazität – Kristallform.
Was bei der Prüfung dieser Eigenschaften im einzelnen zu beachten ist, erfahren Sie in der »Kleinen Mineralienkunde«, Seite 250.
Strichfarbe: Läßt sich die Strichfarbe nicht eindeutig einer Farbgruppe zuordnen, dann prüfen Sie beide Möglichkeiten. Beispiel: Ein Mineral mit rotbrauner Strichfarbe finden Sie entweder in der Gruppe mit roter oder der mit brauner Griffmarke. Mineralien, die härter sind als das Material der Strichtafel, sind der Gruppe mit weißer Griffmarke zugeordnet.
Härte: Durch die Prüfung der Härte mit Hilfe der Mohs'schen Härteskala (für wenig Geld im Fachhandel erhältlich) engen Sie die Möglichkeiten weiter ein (→Seite 250). Zum Endergebnis kommen Sie nach Prüfung aller anderen Eigenschaften des Minerals.
Zusätzliche Bestimmungsmerkmale wie Art des Vorkommens, Begleitmineralien und besondere Eigenschaften (Fluoreszenz, Löslichkeit) geben Ihnen weitere Hinweise. Unter Ähnliche Mineralien erfahren Sie, durch welche Eigenschaften sich ähnliche Mineralien unterscheiden.

Das Farbbestimmungs-System

Mineralien nach Strichfarben bestimmen

Strichfarbe	Gruppe der Mineralien	Seiten
	Kennfarbe Blau: Mineralien mit hellblauer bis grünblauer Strichfarbe.	6–13
	Kennfarbe Rot: Mineralien mit rosa bis braunroter Strichfarbe.	14–21
	Kennfarbe Gelb: Mineralien mit hellgelber, orangefarbener bis ockerfarbener Strichfarbe.	22–33
	Kennfarbe Braun: Mineralien mit gelbbrauner bis rotbrauner Strichfarbe.	34–49
	Kennfarbe Grün: Mineralien mit hellgrüner, blaugrüner, graugrüner bis schwarzgrüner Strichfarbe.	50–71
	Kennfarbe Schwarz: Mineralien mit grauer bis schwarzer Strichfarbe.	72–111
	Kennfarbe Weiß: Mineralien mit weißer oder extrem zarter Strichfarbe; Mineralien, die härter sind als das Strichtafelmaterial.	112–249

1 Chalkoalumit O_2

Härte: 2½.
Dichte: 2,29.
Strichfarbe: blauweiß.
Formel: $CuAl_4(SO_4)(OH)_{12} \cdot 3\,H_2O$

Farbe: hellblau bis blau; Glasglanz bis matt. Spaltbarkeit: vollkommen; Bruch blättrig. Tenazität: spröde bis milde. Kristallform: monoklin; kugelig, Krusten. Vorkommen: in der Oxidationszone. Begleitmineralien: Azurit, Cuprit, Malachit.
Ähnliche Mineralien: Gibbsit ist härter und hat eine weiße Strichfarbe.

2 Kupfervitriol O_2
Chalkanthit

Härte: 2½.
Dichte: 2,2–2,3.
Strichfarbe: blau.
Formel: $CuSO_4 \cdot 5\,H_2O$

Farbe: blau; Glasglanz. Spaltbarkeit: kaum erkennbar; Bruch muschelig. Tenazität: spröde. Kristallform: triklin; selten prismatisch, linsenförmig, stalaktitisch, krustig, derb. Vorkommen: in der Oxidationszone. Begleitmineralien: Kupferkies, Malachit, Brochantit.
Ähnliche Mineralien: Azurit ist dunkler blau.

3 Lirokonit O_2

Härte: 2–2½.
Dichte: 2,95.
Strichfarbe: blau bis blaugrün.
Formel: $Cu_2Al(AsO_4)(OH)_4 \cdot 4\,H_2O$

Farbe: blau bis blaugrün; Glasglanz. Spaltbarkeit: schlecht; Bruch muschelig. Tenazität: spröde. Kristallform: monoklin; linsenförmig, Krusten. Vorkommen: in der Oxidationszone. Begleitmineralien: Klinoklas, Azurit, Malachit.
Ähnliche Mineralien: Azurit und Malachit haben eine andere Farbe und brausen mit Salzsäure.

4 Linarit O_2

Härte: 2½.
Dichte: 5,3–5,5.
Strichfarbe: hellblau.
Formel: $PbCu[(OH)_2/SO_4]$

Farbe: blau; Glasglanz. Spaltbarkeit: sichtbar, aber nur bei größeren Kristallen erkennbar; Bruch muschelig. Tenazität: spröde. Kristallform: monoklin; prismatisch bis seltener tafelig, oft flächenreich, krustig, erdig. Vorkommen: in der Oxidationszone. Begleitmineralien: Bleiglanz, Kupferkies, Brochantit, Malachit. Besondere Eigenschaften: wird beim Betupfen mit Salzsäure hellblau bis weiß.
Ähnliche Mineralien: Azurit braust beim Betupfen mit Salzsäure und wird nicht heller.

5 Caledonit O_2

Härte: 2½–3.
Dichte: 5,6.
Strichfarbe: weißlichblau.
Formel: $Cu_2Pb_5(SO_4)_3CO_3(OH)_6$

Farbe: blau, blaugrün; Glasglanz. Spaltbarkeit: vollkommen; Bruch uneben. Tenazität: spröde. Kristallform: orthorhombisch; prismatisch, nadelig, faserig. Vorkommen: in der Oxidationszone. Begleitmineralien: Leadhillit, Anglesit.
Ähnliche Mineralien: Linarit hat eine andere Kristallform.

Fundort/Maßstab

1 Grandview Mine, Arizona, USA/5fach	2 Lavrion, Griechenland 10fach
3 Wheal Gorland, Cornwall / 10fach	
4 Blanchard Mine, USA 8fach	5 Leadhills, Schottland 20fach

1 Cumengeit O_2

Härte: 2½.
Dichte: 4,67.
Strichfarbe: blau.
Formel: $Pb_4Cu_4Cl_8(OH)_8 \cdot H_2O$

Farbe: blau; Glasglanz. Spaltbarkeit: gut; Bruch blättrig bis muschelig. Tenazität: spröde bis milde. Kristallform: tetragonal; oktaederähnlich. Vorkommen: in der Oxidationszone und antiken Schlacken. Begleitmineralien: Boleit, Diaboleit.
Ähnliche Mineralien: Diaboleit, Boleit und Pseudoboleit haben eine andere Kristallform.

2 Diaboleit O_2

Härte: 2½.
Dichte: 5,42.
Strichfarbe: blau.
Formel: $Pb_2CuCl_2(OH)_4$

Farbe: blau; Glasglanz. Spaltbarkeit: vollkommen; Bruch blättrig bis muschelig. Tenazität: spröde. Kristallform: tetragonal; tafelig bis prismatisch, oft an den beiden Enden unterschiedliche Ausbildungen, derb. Vorkommen: in der Oxidationszone. Begleitmineralien: Laurionit, Phosgenit, Boleit.
Ähnliche Mineralien: Cumengeit und Boleit haben eine andere Kristallform.

3 Boleit O_2

Härte: 3–3½.
Dichte: 5,10.
Strichfarbe: blau mit grünlichem Stich.
Formel: $Pb_9Cu_8Ag_3Cl_{21}(OH)_{16} \cdot H_2O$

Farbe: blau; Glasglanz. Spaltbarkeit: vollkommen; Bruch muschelig. Tenazität: spröde. Kristallform: tetragonal; oktaeder- und würfelähnlich. Vorkommen: in der Oxidationszone und antiken Schlacken. Begleitmineralien: Laurionit, Cumengeit, Pseudoboleit.
Ähnliche Mineralien: Diaboleit und Cumengeit haben eine andere Kristallform.

4 Pseudoboleit O_2

Härte: 2½.
Dichte: 4,85.
Strichfarbe: blau.
Formel: $Pb_5Cu_4Cl_{10}(OH)_8 \cdot 2 H_2O$

Farbe: blau; Glasglanz. Spaltbarkeit: vollkommen; Bruch muschelig. Tenazität: spröde. Kristallform: tetragonal; stets orientiert auf den Würfelflächen von Boleit aufgewachsen, an den Kanten einspringende Winkel bildend. Vorkommen: in der Oxidationszone. Begleitmineralien: Boleit, Cumengeit.
Ähnliche Mineralien: Die charakteristische Aufwachsung auf Boleit macht Pseudoboleit unverwechselbar.

5 Connellit O_2

Härte: 3.
Dichte: 3,41.
Strichfarbe: blau.
Formel: $Cu_{19}Cl_4SO_4(OH)_{32} \cdot 3 H_2O$

Farbe: blau; Glasglanz. Spaltbarkeit: nicht erkennbar; Bruch muschelig. Tenazität: spröde. Kristallform: hexagonal; nadelig, oft zu Büscheln verwachsen. Vorkommen: in der Oxidationszone. Begleitmineralien: Azurit, Malachit.
Ähnliche Mineralien: Cyanotrichit läßt sich von Connellit mit einfachen Mitteln manchmal nicht unterscheiden, ist aber meist etwas heller blau.

Fundort/Maßstab

1 Lavrion, Griechenland 20fach	2 Lavrion, Griechenland 20fach
3 Boleo, Mexiko / 5fach	
4 Boleo, Mexiko / 8fach	5 St. Just, Cornwall 7fach

1 Posnjakit O₂

Härte: 2-3.
Dichte: 3,55.
Strichfarbe: bläulich.
Formel: $Cu_4(SO_4)(OH)_6 \cdot H_2O$

Farbe: blau bis dunkelblau; Glasglanz. **Spaltbarkeit:** gut; Bruch muschelig. **Tenazität:** spröde. **Kristallform:** monoklin; tafelig bis blockig. **Vorkommen:** in der Oxidationszone. **Begleitmineralien:** Brochantit, Langit.
Ähnliche Mineralien: Langit ist nicht so dünntafelig, aber von dickeren Posnjakitkristallen kaum zu unterscheiden.

2 Langit O₂

Härte: 3-4.
Dichte: 3,48-3,50.
Strichfarbe: bläulich.
Formel: $Cu_4(SO_4)(OH)_6 \cdot 2H_2O$

Farbe: blau mit leichtem Stich ins Grüne; Glasglanz. **Spaltbarkeit:** schlecht; Bruch muschelig. **Tenazität:** spröde. **Kristallform:** orthorhombisch; prismatisch bis dicktafelig, selten Skelettbildung. **Vorkommen:** in der Oxidationszone. **Begleitmineralien:** Brochantit, Posnjakit, Malachit.
Ähnliche Mineralien: Posnjakit ist immer dünntafelig mit guter Spaltbarkeit.

3, 4 Azurit O₂
Kupferlasur

Härte: 3½-4.
Dichte: 3,7-3,9.
Strichfarbe: blau.
Formel: $Cu_3[OH/CO_3]_2$

Farbe: tiefblau, derb etwas heller; Glasglanz. **Spaltbarkeit:** vollkommen; Bruch muschelig. **Tenazität:** spröde. **Kristallform:** monoklin; säulig bis tafelig, kugelige Gruppen und Krusten, radialstrahlig, derb, erdig. **Vorkommen:** in der Oxidationszone; **Begleitmineralien:** Malachit, Cuprit und viele andere Oxidationsmineralien.
Ähnliche Mineralien: Die Farbe, das Brausen mit Salzsäure und das Vorkommen unterscheiden Azurit von allen anderen Mineralien.

5 Cyanotrichit O₂
Lettsomit,
Kupfersamterz

Härte: 3½-4.
Dichte: 3,7-3,9.
Strichfarbe: blau.
Formel: $Cu_4Al_2[(OH)_{12}/SO_4] \cdot 2\ H_2O$

Farbe: himmelblau; Seiden- bis Glasglanz. **Spaltbarkeit:** keine; Bruch uneben. **Tenazität:** spröde. **Kristallform:** orthorhombisch; haarförmig, nadelig bis langtafelig, büschelig, radialstrahlig. **Vorkommen:** in der Oxidationszone. **Begleitmineralien:** Brochantit, Smithsonit, Malachit, Azurit.
Ähnliche Mineralien: Azurit ist viel dunkler.

Fundort/Maßstab

1 St. Just, Cornwall 20fach	2 Richelsdorf, Hessen 20fach
3 Brixlegg, Tirol / 6fach	
4 Altenmittlau, Spessart 15fach	5 Lavrion, Griechenland 15fach

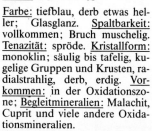

1 Cornetit O₂

Härte: 4½.
Dichte: 4,10.
Strichfarbe: blau.
Formel: $Cu_3PO_4(OH)_3$

Farbe: grünlichblau bis dunkelblau; Glasglanz. **Spaltbarkeit:** keine; Bruch uneben. **Tenazität:** spröde. **Kristallform:** orthorhombisch; kurzprismatisch, oft gerundet; Krusten, radialstrahlig. **Vorkommen:** in der Oxidationszone. **Begleitmineralien:** Malachit, Pseudomalachit, Brochantit, Chrysokoll.
Ähnliche Mineralien: Azurit und Klinoklas haben eine andere Farbe; Linarit kommt in anderer Paragenese vor.

2, 3 Lapis-Lazuli
Lasurit

Härte: 5-6.
Dichte: 2,38-2,42.
Strichfarbe: blau.
Formel: $Na_8[S/(AlSiO_4)_6]$

Farbe: blau; Glasglanz, auf dem Bruch Fettglanz. **Spaltbarkeit:** kaum erkennbar; Bruch muschelig bis uneben. **Tenazität:** spröde. **Kristallform:** kubisch; selten Rhombendedekaeder, immer eingewachsen, meist derb, körnig, dicht. **Vorkommen:** in natriumreichen Marmoren. **Begleitmineralien:** Diopsid, Sodalith, Pyrit, Kalkspat.
Ähnliche Mineralien: Sodalith in gleicher Lagerstätte ist mit einfachen Mitteln von Lapis-Lazuli nicht zu unterscheiden; Azurit braust mit verdünnter Salzsäure.

4 Crossit

Härte: 6.
Dichte: 3,10-3,20.
Strichfarbe: bläulichgrau.
Formel:
$Na_2(Mg, Fe)_3(Fe, Al)_2Si_8O_{22}(OH)_2$

Farbe: blaugrau; Glasglanz. **Spaltbarkeit:** vollkommen. **Tenazität:** spröde. **Kristallform:** monoklin; nadelig, strahlig, derb.
Vorkommen: in kristallinen Schiefern. **Begleitmineralien:** Quarz, Feldspat.
Ähnliche Mineralien: Glaukophan ist manchmal mit einfachen Mitteln von Crossit nicht unterscheidbar.

5 Glaukophan

Härte: 6.
Dichte: 3,0-3,10.
Strichfarbe: graublau.
Formel: $Na_2(Mg, Fe)_3Al_2Si_8O_{22}(OH)_2$

Farbe: dunkelblau bis graublau; Glasglanz. **Spaltbarkeit:** vollkommen; Bruch muschelig. **Tenazität:** spröde. **Kristallform:** monoklin; prismatisch, nadelig, faserig, körnig, derb. **Vorkommen:** in kristallinen Schiefern. **Begleitmineralien:** Chlorit, Muskovit.
Ähnliche Mineralien: Von Crossit ist Glaukophan mit einfachen Mitteln oft nicht zu unterscheiden.

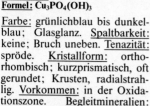
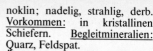

Fundort/Maßstab	
1 Mine de l'Etoile, Shaba, Zaire / 6fach	2 Sar-e-Sang, Afghanistan / 5fach
3 Sar e Sang, Afghanistan / 3fach	
4 Webing, Salzburg 5fach	5 Zermatt, Wallis, Schweiz / 10fach

1 Kermesit O_2

Härte: 1–1½.
Dichte: 4,68.
Strichfarbe: bräunlichrot, rot.
Formel: Sb_2S_2O

Farbe: rot; Glas- bis Diamantglanz. Spaltbarkeit: kaum erkennbar; Bruch faserig. Tenazität: milde. Kristallform: monoklin; nadelig, haarförmig, als Überzug. Vorkommen: in der Oxidationszone. Begleitmineralien: Antimonit, Valentinit.
Ähnliche Mineralien: Bei Beachtung der Paragenese ist Kermesit unverwechselbar.

2, 3 Erythrin O_2
Kobaltblüte

Härte: 2.
Dichte: 3,07.
Strichfarbe: rosa.
Formel: $Co_3(AsO_4)_2 \cdot 8\,H_2O$

Farbe: rot mit Stich ins Violette (»pfirsichblütenrot«); Glasglanz, auf Spaltflächen Perlmuttglanz. Spaltbarkeit: vollkommen; Bruch uneben. Tenazität: milde, dünne Blättchen biegsam. Kristallform: monoklin; nadelig bis tafelig, strahlig, erdig, krustig, derb. Vorkommen: in der Oxidationszone. Begleitmineralien: Safflorit, Kobaltglanz, Skutterudit. Besondere Eigenschaften: wird beim Erhitzen blau.
Ähnliche Mineralien: Die charakteristische Farbe von Erythrin erlaubt keine Verwechslung.

4 Hutchinsonit ⊘

Härte: 1½–2.
Dichte: 4,6.
Strichfarbe: rot.
Formel: $(Tl, Pb)_2(Cu, Ag)As_5S_{10}$

Farbe: kirschrot bis schwärzlichrot; Diamantglanz. Spaltbarkeit: schlecht; Bruch muschelig. Tenazität: spröde. Kristallform: orthorhombisch; prismatisch bis nadelig. Vorkommen: in hydrothermalen Lagerstätten. Begleitmineralien: Auripigment, Enargit, Pyrit, Sartorit.
Ähnliche Mineralien: Enargit und Realgar haben keinen roten Strich.

5 Miargyrit ⊘

Härte: 2½.
Dichte: 5,25.
Strichfarbe: rot.
Formel: $AgSbS_2$

Farbe: grau bis schwarz; Metallglanz. Spaltbarkeit: nicht erkennbar; Bruch muschelig. Tenazität: spröde. Kristallform: monoklin; dicktafelig, derb. Vorkommen: in hydrothermalen Gängen. Begleitmineralien: Pyrargyrit, Aramayoit.
Ähnliche Mineralien: Stephanit und Polybasit haben einen anderen Strich; Proustit und Pyrargyrit eine andere Farbe; Aramayoit hat eine gute Spaltbarkeit.

Fundort/Maßstab

1 Bräunsdorf, Sachsen / 4fach	
2 Sonora, Mexiko / 5fach	3 Bou Azzer, Marokko 8fach
4 Quiruvilca, Peru / 8fach	5 San Genaro, Peru 3fach

1 Zinnober

Cinnabarit

Härte: 2-2½.
Dichte: 8,1.
Strichfarbe: rot.
Formel: HgS

Farbe: hellrot, dunkelrot, braunrot; Diamantglanz, feinkörnig oft matt. Spaltbarkeit: nach dem Prisma vollkommen; Bruch splittrig. Tenazität: milde. Kristallform: trigonal; selten dicktafelig bis rhomboedrisch; meist derb, körnig, erdig, strahlig. Vorkommen: in niedrig temperierten hydrothermalen Gängen, in der Oxidationszone von Erzlagerstätten, an Austrittsstellen von vulkanischen Gasen auf dem Nebengestein. Begleitmineralien: Quarz, Chalcedon, Pyrit.
Ähnliche Mineralien: Rote Zinkblende ist viel leichter, härter und hat eine andere Spaltbarkeit; Haematit und Rutil sind härter; Cuprit unterscheidet sich von Zinnober durch die Salzsäureprobe.

2 Proustit

Lichtes Rotgültigerz

Härte: 2½.
Dichte: 5,5-5,7.
Strichfarbe: scharlachrot.
Formel: Ag_3AsS_3

Farbe: scharlach- bis zinnoberrot; Metallglanz, manchmal matt angelaufen. Spaltbarkeit: nach dem Rhomboeder manchmal erkennbar; Bruch muschelig. Tenazität: spröde. Kristallform: trigonal; prismatisch bis pyramidal, meist aufgewachsen, oft derb. Vorkommen: in subvulkanischen Gold-Silberlagerstätten und hydrothermalen Gängen. Begleitmineralien: Argentit, Stephanit, Polybasit, gediegen Silber und Wismut, Rhodochrosit.
Ähnliche Mineralien: Pyrargyrit ist dunkler und hat einen dunkleren Strich.

3 Pyrargyrit

Dunkles Rotgültigerz

Härte: 2½-3.
Dichte: 5,85.
Strichfarbe: kirschrot.
Formel: Ag_3SbS_3

Farbe: dunkelrot bis grauschwarz, rotdurchscheinend; Metallglanz. Spaltbarkeit: manchmal erkennbar; Bruch muschelig. Tenazität: spröde. Kristallform: trigonal; rhomboeder- und skalenoederähnlich, manchmal prismatisch, immer aufgewachsen, derb. Vorkommen: in Silbererzgängen. Begleitmineralien: Proustit, Argentit, Stephanit, Bleiglanz, Kalkspat.
Ähnliche Mineralien: Proustit ist heller rot; dunkel angelaufen unterscheidet sich Proustit von Pyrargyrit durch den helleren Strich.

4 Krokoit O_2

Rotbleierz

Härte: 2½-3.
Dichte: 5,9-6,0.
Strichfarbe: orange.
Formel: $PbCrO_4$

Farbe: rot mit gelegentlichem Stich ins Gelbe; Fettglanz bis Diamantglanz. Spaltbarkeit: erkennbar; Bruch muschelig. Tenazität: milde. Kristallform: monoklin; nadelig bis prismatisch, derb, als Anflug. Vorkommen: in der Oxidationszone. Begleitmineralien: Cerussit, Pyromorphit, Dundasit.
Ähnliche Mineralien: Zinnober hat eine andere Kristallform; Realgar unterscheidet sich durch seine Paragenese; Cuprit braust beim Betupfen mit Salzsäure.

Fundort/Maßstab

1 Eisenerz, Steiermark / 5fach	
2 St. Joachimsthal, CSSR 2fach	3 St. Andreasberg, Harz 3fach
4 Dundas, Tasmanien / 6fach	

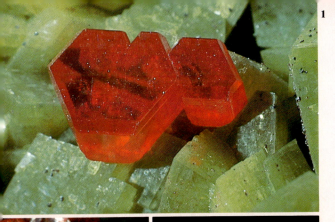

1 Kupfer O_2

Härte: 2½–3.
Dichte: 8,93.
Strichfarbe: kupferrot, metallisch.
Formel: Cu

Farbe: kupferrot, oft dunkler angelaufen; Metallglanz. Spaltbarkeit: keine; Bruch hakig. Tenazität: milde, dehnbar. Kristallform: kubisch; Würfel, Oktaeder, meist stark verzerrt, skelettförmig, blech-, drahtförmig, derb. Vorkommen: in vielen Kupferlagerstätten und Blasenhohlräumen vulkanischer Gesteine. Begleitmineralien: Malachit, Cuprit, Azurit, Kalkspat.
Ähnliche Mineralien: Silber hat eine andere Farbe.

2, 3 Cuprit O_2
Rotkupfererz

Härte: 3½–4.
Dichte: 6,15.
Strichfarbe: braunrot.
Formel: Cu_2O

Farbe: tiefrot bis braunrot; Metallglanz, in Aggregaten oft matt. Spaltbarkeit: nach dem Oktaeder erkennbar; Bruch muschelig. Tenazität: spröde. Kristallform: kubisch; oktaedrisch; seltener würfelig; haarförmig (Chalkotrichit), körnig, derb. Vorkommen: in der Oxidationszone. Begleitmineralien: gediegen Kupfer, Malachit, Limonit. Besondere Eigenschaften: braust beim Behandeln mit Salzsäure.
Ähnliche Mineralien: Zinnober und Haematit brausen nicht mit Salzsäure; Haematit ist härter; charakteristisch für Cuprit ist die Paragenese mit Malachit.

4 Roselith O_2

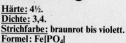

Härte: 3½.
Dichte: 3,50–3,74.
Strichfarbe: rötlich.
Formel: $Ca_2(Co,Mg)(AsO_4)_2 \cdot 2\ H_2O$

Farbe: dunkelrosa; Glasglanz. Spaltbarkeit: vollkommen; Bruch uneben. Tenazität: spröde. Kristallform: monoklin; dicktafelig, derbe Krusten. Vorkommen: in der Oxidationszone. Begleitmineralien: Erythrin.
Ähnliche Mineralien: Die Kristallform von Roselith ist sehr charakteristisch und läßt kaum Verwechslungen zu.

5 Heterosit

Härte: 4½.
Dichte: 3,4.
Strichfarbe: braunrot bis violett.
Formel: $Fe[PO_4]$

Farbe: dunkelbraun bis violett; Glasglanz bis matt. Spaltbarkeit: gut; Bruch spätig. Tenazität: spröde. Kristallform: orthorhombisch; eingewachsene Kristalle sind immer Pseudomorphosen nach Triphylin, derbe, spätige Massen. Vorkommen: in Phosphatpegmatiten. Besondere Eigenschaften: wird beim Betupfen mit Salzsäure tief violett.
Ähnliche Mineralien: Purpurit ist von Heterosit nicht zu unterscheiden, die Paragenese mit manganreichen Phosphaten gibt aber oft deutliche Hinweise.

Fundort/Maßstab	
1 Ray, Arizona, USA / 3fach	
2 Ajo, Arizona, USA 12fach	3 Christmas Mine, Arizona, USA / 10fach
4 Bou Azzer, Marokko 8fach	5 Hohenstein, Namibia 3fach

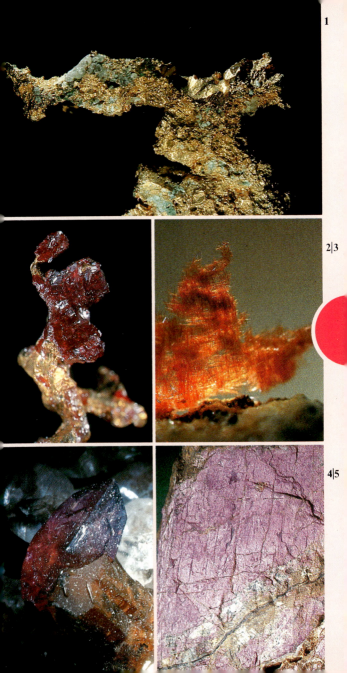

1 Sarabauit

Härte: 4-5.
Dichte: 4,65.
Strichfarbe: rot.
Formel: $Ca(SbO)_{10}S_6$

Farbe: rot; fettiger Glasglanz. **Spaltbarkeit:** nicht erkennbar; Bruch uneben. **Kristallform:** monoklin; tafelig, meist derb. **Begleitmineralien:** Antimonit, Calcit. **Vorkommen:** in metamorphem Kalkstein.
Ähnliche Mineralien: Zinkit hat eine andere Strichfarbe; weitere ähnliche, rote Mineralien sind viel weicher.

2, 3 Haematit

Roteisenstein
Eisenglanz

Härte: 6½.
Dichte: 5,2-5,3.
Strichfarbe: rot bis rotbraun, bei geringen Titangehalten aber schwarz.
Formel: Fe_2O_3

Farbe: derbe Aggregate und dünne Blättchen rot, sonst metallisch schwarzgrau, oft bunt angelaufen; Metallglanz bis matt. **Spaltbarkeit:** keine, aber oft blättrig; Bruch muschelig. **Tenazität:** spröde. **Kristallform:** trigonal; dipyramidal, an Oktaeder erinnernd, dick- bis dünntafelig, oft derb, blättrig, radialstrahlig, mit glatter Oberfläche (roter Glaskopf) (2), erdig, krustig. **Vorkommen:** mikroskopisch in fast allen, insbesondere metamorphen Gesteinen, dort zum Teil auch größere Lagerstätten; in pneumatolytischen und hydrothermalen Gängen, an Austrittsstellen vulkanischer Gase (an sogenannten Fumarolenspalten), als färbender Bestandteil in vielen Sedimentgesteinen, in kontaktmetasomatischen Lagerstätten. **Begleitmineralien:** Magnetit, Pyrit.
Ähnliche Mineralien: Cuprit, Zinnober und Realgar sind weicher; Magnetit und Ilmenit haben einen schwarzen Strich, letzterer ist jedoch von titanhaltigem Haematit kaum zu unterscheiden.

4 Piemontit

Härte: 6½.
Dichte: 3,4.
Strichfarbe: schwärzlichrot.
Formel:
$Ca_2(Mn, Al)Al_2[O/OH/SiO_4/Si_2O_7]$

Farbe: hell- bis dunkelrot; die anderen physikalischen Eigenschaften wie Epidot (Seite 110). **Vorkommen:** in metamorphen Mangan-Lagerstätten und Drusen von Pegmatiten. **Begleitmineralien:** Braunit, Rhodonit, Rhodochrosit.
Ähnliche Mineralien: keine.

5 Lepidokrokit O_2

Rubinglimmer

Härte: 5.
Dichte: 4,0.
Strichfarbe: rötlich.
Formel: $FeOOH$

Farbe: rubinrot bis gelbrot; Diamantglanz. **Spaltbarkeit:** vollkommen; Bruch uneben. **Tenazität:** spröde. **Kristallform:** orthorhombisch; tafelig, strahlig, blättrig, derb. **Vorkommen:** in der Oxidationszone. **Begleitmineralien:** Goethit, Pyrolusit.
Ähnliche Mineralien: Von Goethit unterscheidet sich Lepidokrokit durch die rote Farbe und Strichfarbe; Haematit ist härter.

Fundort/Maßstab

1 Sarabau, Borneo / 12fach	
2 Egremont, Großbritannien / 0,3fach	3 Fibbia, Schweiz 0,5fach
4 Falotta, Schweiz 10fach	5 Lavrion, Griechenland 10fach

1 Realgar ⊘ ⬢

Härte: 1½.
Dichte: 3,5-3,6.
Strichfarbe: orangegelb.
Formel: AsS

Farbe: tiefrot bis etwas orange, durchscheinend bis undurchsichtig; Diamantglanz. Spaltbarkeit: kaum erkennbar; Bruch muschelig. Tenazität: dünne Blättchen biegsam, milde. Kristallform: monoklin; prismatisch, meist recht klein, blättrig, nadelig, pulvrig, derb. Vorkommen: in Erzgängen niedriger Bildungstemperatur, als Abscheidung aus heißen Quellen und vulkanischen Gasen, auf Tonen und Kalksteinen, als Verwitterungsprodukt von arsenhaltigen Erzen. Begleitmineralien: Auripigment, Dolomit, arsenhaltige Erzmineralien.
Ähnliche Mineralien: Zinnober ist viel schwerer und hat eine vollkommene Spaltbarkeit; Cuprit braust mit verdünnter Salzsäure.

2 Carnotit O₂

Härte: 1.
Dichte: 4,70.
Strichfarbe: gelblich.
Formel: $K_2(UO_2)_2(VO_4)_2 \cdot 1\text{-}3\,H_2O$

Farbe: gelb, grünlichgelb; Glasglanz bis matt. Spaltbarkeit: vollkommen; Bruch blättrig. Tenazität: milde. Kristallform: monoklin; tafelige Blättchen, erdig, pulvrig. Vorkommen: in Uranlagerstätten. Begleitmineralien: andere Uranmineralien.
Ähnliche Mineralien: Uranocircit und Autunit sind härter.

3 Wakabayashilit ⊘

Härte: 1½.
Dichte: 3,96.
Strichfarbe: orangegelb, beim Zerreiben orange.
Formel: $(As,Sb)_2S_3$

Farbe: goldgelb bis zitronengelb; Seidenglanz bis Harzglanz. Spaltbarkeit: vollkommen; Bruch faserig. Tenazität: biegsam. Kristallform: monoklin; nadelig, faserig. Vorkommen: in Arsenlagerstätten. Begleitmineralien: Realgar, Auripigment.
Ähnliche Mineralien: Auripigment ist nie nadelig.

4 Auripigment ⊘
Rauschgelb

Härte: 1½-2.
Dichte: 3,48.
Strichfarbe: hellgelb.
Formel: As_2S_3

Farbe: zitronengelb bis orangegelb; Fettglanz. Spaltbarkeit: sehr vollkommen; Bruch blättrig. Tenazität: milde, schneidbar, Blättchen biegsam. Kristallform: monoklin; linsenförmig, radialstrahlig, blättrig, strahlig. Vorkommen: in hydrothermalen Gängen und Tongesteinen. Begleitmineralien: Realgar, Arsenmineralien.
Ähnliche Mineralien: Greenockit hat eine andere Kristallform, kommt meist nur pulvrig vor und hat eine völlig andere Paragenese.

Fundort/Maßstab

1 Lengenbach, Schweiz / 12fach	
2 Radium Hill, Australien 12fach	3 Jas Roux, Frankreich 12fach
4 Quiruvilca, Peru / 4fach	

1 Amarantit O_2

Härte: 2½.
Dichte: 2,19-2,28.
Strichfarbe: gelb.
Formel: $FeSO_4OH \cdot 3 H_2O$.

Farbe: orange bis braunrot; Glasglanz. Spaltbarkeit: vollkommen; Bruch uneben. Tenazität: spröde. Kristallform: triklin; prismatisch, nadelig, tafelig, derb. Vorkommen: in der Oxidationszone. Begleitmineralien: Copiapit, Coquimbit.
Ähnliche Mineralien: In Paragenese mit anderen Eisensulfaten ist Amarantit kaum verwechselbar, er zersetzt sich in Wasser.

2 Nontronit O_2

Härte: 1-2.
Dichte: 2-3.
Strichfarbe: gelblich.
Formel: $Na_{0,33}Fe_2(Al,Si)_4O_{10}(OH)_2 \cdot n\ H_2O$

Farbe: gelb bis grüngelb; Harzglanz bis matt. Spaltbarkeit: vollkommen; Bruch muschelig bis erdig. Tenazität: milde. Kristallform: monoklin; derb, erdig. Vorkommen: als Umwandlungsprodukt von Silikaten. Begleitmineralien: Opal, Quarz.
Ähnliche Mineralien: Bei Beachtung der Paragenese ist Nontronit unverwechselbar.

3 Uranophan O_2
Uranotil

Härte: 2½.
Dichte: 3,9.
Strichfarbe: hellgelb.
Formel: $CaH_2[UO_2/SiO_4]_2 \cdot 5 H_2O$

Farbe: strohgelb bis tiefgelb; Glasglanz. Spaltbarkeit: nicht erkennbar; Bruch muschelig. Tenazität: spröde. Kristallform: monoklin; nadelig bis haarförmig, büschelig, strahlig, derb, erdig. Vorkommen: in der Oxidationszone. Begleitmineralien: Uranglimmer.
Ähnliche Mineralien: Der viel seltenere Beta-Uranophan ist mit einfachen Mitteln nicht zu unterscheiden.

4 Uranocircit O_2
Bariumuranglimmer

Härte: 2½.
Dichte: 3,5.
Strichfarbe: gelblich.
Formel: $Ba[UO_2/PO_4]_2 \cdot 8H_2O$

Farbe: gelb mit Stich ins Grüne; Glasglanz, auf Spaltflächen Perlmuttglanz. Spaltbarkeit: vollkommen nach der Basis; Bruch uneben. Tenazität: spröde bis milde. Kristallform: tetragonal; tafelig. Vorkommen: in der Oxidationszone. Begleitmineralien: Torbernit, Bergenit, Autunit. Besondere Eigenschaften: fluoresziert unter der UV-Lampe.
Ähnliche Mineralien: Torbernit ist grün und fluoresziert nicht.

5 Heinrichit O_2

Härte: 2½.
Dichte: 3,6.
Strichfarbe: gelblich.
Formel: $Ba[UO_2/AsO_4]_2 \cdot 8-10\ H_2O$

Farbe: gelb bis gelbgrün; Glasglanz, auf Spaltflächen Perlmuttglanz. Spaltbarkeit: nach der Basis vollkommen; Bruch uneben. Tenazität: spröde bis milde. Kristallform: tetragonal; tafelig. Vorkommen: in der Oxidationszone. Begleitmineralien: Zeunerit, Schwerspat, Quarz. Besondere Eigenschaften: fluoresziert.
Ähnliche Mineralien: Autunit, Novacekit und Uranocircit sind mit einfachen Mitteln von Heinrichit nicht zu unterscheiden.

Fundort/Maßstab

1 Chuquicamata, Chile 10fach	2 Hagendorf, Ostbayern 8fach
3 Menzenschwand, Schwarzwald / 10fach	
4 Menzenschwand, Schwarzwald / 20fach	5 Wittichen, Schwarzwald / 20fach

1 Saleeit O₂

Härte: 2½.
Dichte: 3,27.
Strichfarbe: gelblich.
Formel: $Mg(UO_2)_2(PO_4)_2 \cdot 8\text{-}10\ H_2O$

Farbe: gelb bis gelblichgrün; Glasglanz. Spaltbarkeit: vollkommen; Bruch blättrig. Tenazität: spröde. Kristallform: tetragonal; rechteckige Täfelchen, blättrig. Vorkommen: in Uranlagerstätten. Begleitmineralien: Torbernit, Uranophan. Besondere Eigenschaften: fluoresziert.

Ähnliche Mineralien: Autunit, Heinrichit, Novacekit sind mit einfachen Mitteln von Saleeit nur schwer unterscheidbar; Torbernit und Zeunerit fluoreszieren nicht.

2, 3, 4, 5 Gold

Härte: 2½-3.
Dichte: 15,5-19,3.
Strichfarbe: goldgelb, metallisch.
Formel: Au

Farbe: gold- bis messinggelb; Metallglanz. Spaltbarkeit: keine; Bruch hakig. Tenazität: milde, sehr dehnbar, kann zu Plättchen gehämmert werden. Kristallform: kubisch; Oktaeder, Würfel, selten gut ausgebildet, meist verzerrt. Skelettformen (2), blechförmig (3), drahtförmig, oft derb, eingewachsen, abgerollte Nuggets (1). Vorkommen: in hydrothermalen Gängen hoher bis mäßiger Temperatur, in Seifen in Flüssen und Bächen. Begleitmineralien: Quarz, Arsenkies, Pyrit, Turmalin, Fluorit, Goldtelluride.

Ähnliche Mineralien: Pyrit, Kupferkies und Markasit haben einen anderen Strich und sind nicht dehnbar.

Parsonsit O₂
(ohne Foto)

Härte: 2½-3.
Dichte: 5,72.
Strichfarbe: gelblich.
Formel: $Pb_2UO_2(PO_4)_2 \cdot 2\ H_2O$

Farbe: gelblich, bräunlich; fettiger Glasglanz. Spaltbarkeit: keine; Bruch muschelig. Tenazität: spröde. Kristallform: triklin; prismatisch, nadelig, strahlig, Krusten, erdig. Vorkommen: in Uranlagerstätten. Begleitmineralien: Autunit, Torbernit.

Ähnliche Mineralien: Bei Beachtung der Paragenese ist Parsonsit kaum verwechselbar.

Bassetit O₂
(ohne Foto)

Härte: 2½-3.
Dichte: 3, 4.
Strichfarbe: gelblich.
Formel: $Fe(UO_2)_2(PO_4)_2 \cdot 8\ H_2O$

Farbe: gelb, gelbbraun, olivgelb; Glasglanz. Spaltbarkeit: vollkommen; Bruch blättrig. Tenazität: spröde. Kristallform: monoklin; rechteckige Täfelchen, blättrig. Vorkommen: in der Oxidationszone. Begleitmineralien: Pechblende, Pyrit.

Ähnliche Mineralien: Autunit, Heinrichit, Saleeit, Novacekit sind mit einfachen Mitteln nur schwer zu unterscheiden, sie fluoreszieren aber im Gegensatz zu Bassetit.

Fundort/Maßstab	
1 Großschloppen, Fichtelgebirge / 8fach	2 Roșia Montana, Rumänien / 0,5fach
3 Roșia Montana, Rumänien / 3fach	
4 Tipuani, Kolumbien 5fach	5 Mariposa County, Kalifornien, USA / 5fach

1 Hummerit O_2

Härte: 2-3.
Dichte: 2,53.
Strichfarbe: gelb.
Formel: $KMgV_5O_{14} \cdot 8 H_2O$

Farbe: orange, gelb; Glasglanz bis matt. Spaltbarkeit: keine; Bruch uneben. Tenazität: spröde. Kristallform: triklin; prismatisch, tafelig, Krusten, derb. Vorkommen: in Vanadiumlagerstätten. Begleitmineralien: verschiedene Vanadiummineralien.
Ähnliche Mineralien: Das typische Vorkommen macht Hummerit unverwechselbar.

2 Kakoxen 🟢 O_2

Härte: 3.
Dichte: 2,3.
Strichfarbe: weiß bis gelblich.
Formel: $Fe_4[OH/PO_4]_3 \cdot 12 H_2O$

Farbe: goldgelb bis bräunlich; Seidenglanz bis Glasglanz. Spaltbarkeit: nicht erkennbar; Bruch faserig. Tenazität: spröde. Kristallform: hexagonal; nadelig, haarförmig, meist kugelig, faserig, radialstrahlig. Vorkommen: in Phosphatpegmatiten und Brauneisenlagerstätten. Begleitmineralien: Beraunit, Strengit, Rockbridgeit.
Ähnliche Mineralien: Strunzit ist blasser gelb, aber manchmal von Kakoxen nicht einfach zu unterscheiden.

3 Beraunit 🟢 O_2

Härte: 3-4.
Dichte: 2,9.
Strichfarbe: gelb.
Formel: $Fe_3[(OH)_3/(PO_4)_2] \cdot 2½ H_2O$

Farbe: gelb, grün, braun, rot; Glasglanz. Spaltbarkeit: gut, aber nur an größeren Kristallen sichtbar; Bruch uneben. Tenazität: spröde. Kristallform: monoklin; tafelig bis nadelig, radialstrahlig. Vorkommen: in Phosphatpegmatiten und Brauneisen-Lagerstätten. Begleitmineralien: Kakoxen, Strengit, Rockbridgeit, Laueit, Strunzit.
Ähnliche Mineralien: Gelber Beraunit ist mit einfachen Mitteln manchmal nicht von Strunzit zu unterscheiden.

4, 5 Nealit O_2

Härte: 4.
Dichte: 5,88.
Strichfarbe: hell orangegelb.
Formel: $Pb_4Fe(AsO_4)_2Cl_4$

Farbe: gelb bis orangegelb; Glasglanz. Spaltbarkeit: keine; Bruch uneben. Tenazität: spröde. Kristallform: triklin; prismatisch, langtafelig, nadelig. Vorkommen: in antiken Bleischlacken. Begleitmineralien: Georgiadesit, Paralaurionit.
Ähnliche Mineralien: Gelber Paralaurionit hat eine andere Kristallform und ist nicht spröde.

6 Natrojarosit O_2

Härte: 3-4.
Dichte: 3,1-3,3.
Strichfarbe: gelb.
Formel: $NaFe_3(OH)_6/(SO_4)_2$

Farbe: gelb bis braun; Glasglanz. Spaltbarkeit: nach der Basis manchmal erkennbar; Bruch uneben. Tenazität: spröde. Kristallform: trigonal; tafelig bis rhomboedrisch, körnig, pulvrig, krustig, als Überzug, erdig, traubig. Vorkommen: in der Oxidationszone. Begleitmineral: Goethit.
Ähnliche Mineralien: Von Jarosit kann Natrojarosit nur mit chemischen Methoden unterschieden werden.

Fundort/Maßstab

1 Montrose County, Colorado, USA / 6fach	2 Auerbach, Oberpfalz 12fach
3 Hühnerkobel, Bayer. Wald / 15fach	4 Lavrion, Griechenland 18fach
5 Lavrion, Griechenland 15fach	6 Lavrion, Griechenland 12fach

1 Walpurgin O_2

<u>Härte:</u> 3½.
<u>Dichte:</u> 5,95.
<u>Strichfarbe:</u> gelb.
<u>Formel:</u> $(BiO)_4UO_2(AsO_4)_2 \cdot 3\,H_2O$

<u>Farbe:</u> gelb bis blaßorange; fettiger Glasglanz. <u>Spaltbarkeit:</u> vollkommen; Bruch blättrig. <u>Tenazität:</u> spröde. <u>Kristallform:</u> triklin; tafelig, radialstrahlig, erdig, krustig. <u>Vorkommen:</u> in Uranlagerstätten. <u>Begleitmineralien:</u> Torbernit, Zeunerit, Bismutit.
Ähnliche Mineralien: Autunit und Uranocircit haben eine andere Kristallform.

2 Novacekit O_2

<u>Härte:</u> 2½.
<u>Dichte:</u> 3,7.
<u>Strichfarbe:</u> gelb.
<u>Formel:</u> $Mg(UO_2)_2(AsO_4)_2 \cdot 12H_2O$

<u>Farbe:</u> gelb; Glasglanz. <u>Spaltbarkeit:</u> vollkommen; Bruch blättrig. <u>Tenazität:</u> spröde. <u>Kristallform:</u> tetragonal; tafelig, blättrig. <u>Vorkommen:</u> in der Oxidationszone. <u>Begleitmineralien:</u> Zeunerit, Heinrichit. <u>Besondere Eigenschaft:</u> fluoresziert grün.
Ähnliche Mineralien: Heinrichit ist mit einfachen Mitteln von Novacekit nicht zu unterscheiden.

3 Chiavennit ☯

<u>Härte:</u> 3-4.
<u>Dichte:</u> 2,56.
<u>Strichfarbe:</u> gelblich bis blaß ockerfarben.
<u>Formel:</u> $CaMnBe_2Si_5O_{13}(OH)_2 \cdot 2\,H_2O$

<u>Farbe:</u> orange bis gelblich; Glasglanz. <u>Spaltbarkeit:</u> vollkommen; Bruch uneben. <u>Tenazität:</u> spröde. <u>Kristallform:</u> orthorhombisch; dünntafelig, kugelig bis radialstrahlig. <u>Vorkommen:</u> in Pegmatiten. <u>Begleitmineralien:</u> Bavenit, Natrolith, Analcim, Feldspat.
Ähnliche Mineralien: Glimmer haben eine andere Farbe.

4 Desautelsit ☯

<u>Härte:</u> 3-4.
<u>Dichte:</u> 2,2.
<u>Strichfarbe:</u> gelb.
<u>Formel:</u> $Mg_6Mn_2(CO_3)(OH)_{16} \cdot 4\,H_2O$

<u>Farbe:</u> orange; Glasglanz bis matt. <u>Spaltbarkeit:</u> nicht erkennbar; Bruch uneben. <u>Tenazität:</u> spröde. <u>Kristallform:</u> hexagonal; Krusten, erdig. <u>Vorkommen:</u> auf Klüften in Serpentinen. <u>Begleitmineralien:</u> Artinit, Serpentin.
Ähnliche Mineralien: Farbe und Paragenese machen dieses Mineral unverwechselbar.

5 Pucherit O_2

<u>Härte:</u> 4.
<u>Dichte:</u> 6,25.
<u>Strichfarbe:</u> gelb.
<u>Formel:</u> $BiVO_4$

<u>Farbe:</u> rötlichbraun bis gelblich; Glasglanz. <u>Spaltbarkeit:</u> vollkommen; Bruch muschelig. <u>Tenazität:</u> spröde. <u>Kristallform:</u> orthorhombisch; dicktafelig, nadelig, erdig, derb. <u>Vorkommen:</u> in der Oxidationszone. <u>Begleitmineralien:</u> Wismut, Wismutocker.
Ähnliche Mineralien: Bei Beachtung der Paragenese ist keine Verwechslung mit anderen Mineralien möglich.

Fundort/Maßstab

1 Wittichen, Schwarzwald / 15fach	**2** Wittichen, Schwarzwald / 15fach
3 Tvedalen, Norwegen 15fach	**4** San Benito County, Kalifornien, USA / 8fach
5 Schneeberg, Sachsen / 10fach	

1 Beudantit O₂

Härte: 4.
Dichte: 4,3.
Strichfarbe: gelb.
Formel: PbFe₃[(OH)₆/SO₄/AsO₄]

Farbe: gelb, braun, grünlich, oliv; Glasglanz. Spaltbarkeit: keine; Bruch muschelig. Tenazität: spröde. Kristallform: trigonal; rhomboedrisch, pseudowürfelig, tafelig, krustig, erdig, derb. Vorkommen: in der Oxidationszone. Begleitmineralien: Mimetesit, Jarosit, Konichalcit.
Ähnliche Mineralien: Jarosit und Natrojarosit sind etwas weicher und zeigen eine Spaltbarkeit.

2 Ojuelait O₂

Härte: 3.
Dichte: 3,8.
Strichfarbe: gelblich.
Formel: ZnFe₂(AsO₄)₂(OH)₂·4 H₂O

Farbe: strohgelb; Glasglanz. Spaltbarkeit: gut; Bruch faserig. Tenazität: spröde. Kristallform: monoklin; nadelig, radialstrahlig, Krusten. Vorkommen: in der Oxidationszone. Begleitmineralien: Smithsonit, Adamin, Limonit.
Ähnliche Mineralien: Uranophan, Strunzit und Kakoxen kommen in anderen Paragenesen vor.

3 Tsumcorit O₂

Härte: 4½.
Dichte: 5,2.
Strichfarbe: gelblich.
Formel: PbZnFe(AsO₄)₂·H₂O

Farbe: gelblichbraun bis orange; Glasglanz. Spaltbarkeit: nicht erkennbar; Bruch uneben. Tenazität: spröde. Kristallform: monoklin; kurzprismatisch, radialstrahlig, Krusten. Vorkommen: in der Oxidationszone. Begleitmineralien: Malachit, Cerussit, Mimetesit.
Ähnliche Mineralien: Mimetesit hat eine andere Kristallform.

4 Durangit

Härte: 5.
Dichte: 3,9–4,1.
Strichfarbe: gelblich.
Formel: NaAlAsO₄F

Farbe: hell bis dunkel orangerot; Glasglanz. Spaltbarkeit: nicht erkennbar; Bruch: muschelig. Tenazität: spröde. Kristallform: monoklin; schief pyramidenförmig bis tafelig. Vorkommen: in pneumatolytischen Lagerstätten und Pegmatiten. Begleitmineralien: Zinnstein, Topas.
Ähnliche Mineralien: Kristallform und Farbe von Durangit sind unverwechselbar.

5 Saneroit

Härte: 5.
Dichte: 3,47.
Strichfarbe: gelb.
Formel: Na₂Mn₁₀Si₁₁VO₃₄(OH)₄

Farbe: orange, gelblichrot; Harzglanz. Spaltbarkeit: schlecht erkennbar; Bruch uneben. Tenazität: spröde. Kristallform: triklin; prismatisch, nadelig, eingewachsen. Vorkommen: in metamorphen Manganlagerstätten. Begleitmineralien: Sursassit, Ganophyllit.
Ähnliche Mineralien: Sursassit ist mehr braun.

Fundort/Maßstab

1 Lavrion, Griechenland 12fach	2 Mina Ojuela, Mexiko 12fach
3 Tsumeb, Namibia / 3fach	
4 Durango, Mexiko 8fach	5 Gambatesa, Piemont, Italien / 6fach

1 Berthierit ⊘

__Härte:__ 2-3.
__Dichte:__ 4,6.
__Strichfarbe:__ braungrau.
__Formel:__ $FeSb_2S_4$

__Farbe:__ stahlgrau, oft gelb angelaufen; Metallglanz. __Spaltbarkeit:__ in Längsrichtung erkennbar; Bruch uneben. __Tenazität:__ spröde. __Kristallform:__ orthorhombisch; nadelig, faserig, strahlig. __Vorkommen:__ auf Antimonerzgängen. __Begleitmineralien:__ Quarz, Antimonit.
__Ähnliche Mineralien:__ Antimonit ist heller.

2 Baumhauerit ⊘

__Härte:__ 3.
__Dichte:__ 5,33.
__Strichfarbe:__ braun.
__Formel:__ $Pb_{12}As_{16}S_{36}$

__Farbe:__ stahlgrau, oft tiefrote Innenreflexe; Metallglanz, manchmal matt. __Spaltbarkeit:__ nur schlecht erkennbar; Bruch muschelig. __Tenazität:__ spröde. __Kristallform:__ triklin; prismatisch, meist mit gerundeten Kanten. __Vorkommen:__ in Drusen im Dolomitmarmor und derb eingewachsen. __Begleitmineralien:__ Dolomit, Realgar, Skleroklas.
__Ähnliche Mineralien:__ Skleroklas hat schiefe Endflächen und besitzt keine roten Innenreflexe.

3 Descloizit O_2

__Härte:__ 3½.
__Dichte:__ 5,5-6,2.
__Strichfarbe:__ hellbraun.
__Formel:__ $Pb(Zn,Cu)|OH/VO_4|$

__Farbe:__ braun, rotbraun, gelbbraun, schwarzbraun; Harzglanz. __Spaltbarkeit:__ keine; Bruch uneben. __Tenazität:__ spröde. __Kristallform:__ orthorhombisch; prismatisch, selten tafelig, oft dendritisch, radialstrahlig, krustig, derb. __Vorkommen:__ in der Oxidationszone. __Begleitmineralien:__ Vanadinit, Wulfenit.
__Ähnliche Mineralien:__ Magnetit ist härter; brauner Kalkspat oder Smithsonit sind leichter und zeigen eine deutliche Spaltbarkeit.

4 Skleroklas ⊘
Sartorit

__Härte:__ 3.
__Dichte:__ 5,05.
__Strichfarbe:__ braun.
__Formel:__ $PbAs_2S_4$

__Farbe:__ stahlgrau; Metallglanz. __Spaltbarkeit:__ nur schlecht erkennbar; Bruch muschelig. __Tenazität:__ spröde. __Kristallform:__ monoklin; prismatisch bis nadelig, mit schiefer Endfläche, oft längsgerieft. __Vorkommen:__ in Drusen im Dolomitmarmor. __Begleitmineralien:__ Dolomit, Realgar, Rathit, Baumhauerit.
__Ähnliche Mineralien:__ Baumhauerit hat meist mehr gerundete Flächen.

5 Wurtzit ⊘

__Härte:__ 3½-4.
__Dichte:__ 4,0.
__Strichfarbe:__ hellbraun.
__Formel:__ ZnS

__Farbe:__ hell- bis dunkelbraun; Harzglanz. __Spaltbarkeit:__ nach der Basis und dem Prisma; Bruch uneben. __Tenazität:__ spröde. __Kristallform:__ hexagonal; spindelförmig, Pyramiden mit Basis, horizontal gestreift, strahlig, nierig, faserig, dicht. __Vorkommen:__ in hydrothermalen Gängen. __Begleitmineralien:__ Zinkblende, Bleiglanz, Pyrit, Markasit.
__Ähnliche Mineralien:__ Zinkblende hat eine andere Kristallform und Spaltbarkeit, kann jedoch auch strahlig sein.

Fundort/Maßstab

1 Freycenet, Frankreich 30fach	2 Lengenbach, Schweiz 15fach
3 Berg Aukas, Namibia / 3,5fach	
4 Lengenbach, Schweiz 15fach	5 Gyöngyör, Ungarn 4fach

1 McGovernit

Härte: 2–3.
Dichte: 3,7.
Strichfarbe: braun.
Formel: $Mn_9Mg_4Zn_2As_2Si_2O_{17}(OH)_{14}$

Farbe: ockerbraun bis kastanienbraun; Glasglanz. Spaltbarkeit: vollkommen; Bruch blättrig. Tenazität: spröde. Kristallform: hexagonal; tafelig, blättrig. Vorkommen: in metamorphen Manganlagerstätten. Begleitmineralien: Franklinit, Willemit.
Ähnliche Mineralien: Glimmer sind elastisch biegsam und nicht spröde.

2,3 Zinkblende

Sphalerit

Härte: 3½–4.
Dichte: 3,9–4,2.
Strichfarbe: weiß, bei höheren Eisengehalten gelb bis braun.
Formel: ZnS

Farbe: gelb, braun, rot, grün, schwarz; halbmetallischer Diamantglanz, in dichten Aggregaten auch Fettglanz. Spaltbarkeit: vollkommen nach dem Rhombendodekaeder; Bruch muschelig, splittrig. Tenazität: spröde. Kristallform: kubisch; oft aufgewachsen, hauptsächlich Tetraeder, Rhombendodekaeder, durch Kombination zweier Tetraeder häufig oktaederähnlich, Flächen oft gestreift, häufig verzwillingt, derb radialstrahlig, spätig, körnig. Vorkommen: in Graniten, Gabbros, Pegmatiten, Zinnerzgängen, kontaktmetasomatischen Lagerstätten, hydrothermalen Gängen und Verdrängungslagerstätten, sedimentären und daraus entstandenen metamorphen Lagerstätten. Begleitmineralien: Bleiglanz, Pyrit, Magnetkies, Markasit, Kalkspat, Baryt, Kupferkies.
Ähnliche Mineralien: Von Bleiglanz, Granat, Fahlerz und Schwefel unterscheidet sich Zinkblende durch Härte und Spaltbarkeit.

4 Manganit

Härte: 4.
Dichte: 4,3–4,4.
Strichfarbe: dunkelbraun.
Formel: $MnOOH$

Farbe: braunschwarz bis schwarz, in dünnen Splittern rot durchscheinend; Metallglanz. Spaltbarkeit: deutlich; Bruch uneben. Tenazität: spröde. Kristallform: monoklin; lang- bis kurzprismatisch, selten tafelig, kreuzförmige Zwillinge, radialstrahlig, erdig, derb. Vorkommen: in hydrothermalen Gängen, in Melaphyren und Porphyren. Begleitmineralien: Pyrolusit, Limonit, Braunit, Baryt, Kalkspat.
Ähnliche Mineralien: Goethit hat eine andere Farbe.

5 Arseniosiderit

Härte: 1½ bis 4.
Dichte: 3,60.
Strichfarbe: gelblichbraun.
Formel: $Ca_3Fe_4(OH)_6(H_2O)_3(AsO_4)_4$

Farbe: gelblich bis braun; Seidenglanz bis leichter Metallglanz. Spaltbarkeit: schlecht erkennbar; Bruch uneben. Tenazität: spröde. Kristallform: monoklin; radialstrahlig, körnig, derb, oft als Pseudomorphose nach Skorodit. Vorkommen: in der Oxidatitionszone. Begleitmineralien: Skorodit, Natrojarosit.
Ähnliche Mineralien: Das typische Vorkommen und der charakteristische Glanz von Arseniosiderit verhindern meist jede Verwechslung.

Fundort/Maßstab

1 Franklin, New Jersey, USA / 8fach	2 Lengenbach, Schweiz 10fach
3 La Calamine, Belgien / 1,5fach	
4 Ilfeld, Harz / 1,5fach	5 Romaneche, Frankreich / 6fach

1 Hausmannit 🚫 🌀

<u>Härte:</u> 5½.
<u>Dichte:</u> 4,7–4,8.
<u>Strichfarbe:</u> **braun bis rötlich.**
<u>Formel:</u> Mn_3O_4

<u>Farbe:</u> eisenschwarz, etwas bräunlich; Metallglanz. <u>Spaltbarkeit:</u> vollkommen nach der Basis; Bruch uneben. <u>Tenazität:</u> spröde. <u>Kristallform:</u> tetragonal; oktaederähnlich, körnig, derb. <u>Vorkommen:</u> in metamorphen Manganlagerstätten, auf hydrothermalen Mangangängen. <u>Begleitmineralien:</u> Braunit, Manganit, Piemontit.
Ähnliche Mineralien: Magnetit hat einen schwarzen Strich; Braunit eine viel schlechtere, meist nicht erkennbare Spaltbarkeit.

2 Sursassit 🌀

<u>Härte:</u> 4½.
<u>Dichte:</u> 3,25.
<u>Strichfarbe:</u> **braun.**
<u>Formel:</u> $Mn_5Al_4Si_5O_{21} \cdot 3 H_2O$

<u>Farbe:</u> rötlichbraun; Glasglanz. <u>Spaltbarkeit:</u> nicht erkennbar; Bruch faserig. <u>Tenazität:</u> spröde. <u>Kristallform:</u> monoklin; faserig, radialstrahlig. <u>Vorkommen:</u> in Manganlagerstätten. <u>Begleitmineralien:</u> Tinzenit, Braunit, Quarz.
Ähnliche Mineralien: Bei Beachtung der Paragenese ist keine Verwechslung mit anderen Mineralien möglich.

3 Goethit ⬢ O_2

<u>Härte:</u> 5–5½.
<u>Dichte:</u> 4,3.
<u>Strichfarbe:</u> **braun bis braungelb.**
<u>Formel:</u> FeOOH

<u>Farbe:</u> lichtgelb, braun bis schwarzbraun; Metallglanz bis matt. <u>Spaltbarkeit:</u> vollkommen, aber oft nicht erkennbar; Bruch uneben. <u>Tenazität:</u> spröde. <u>Kristallform:</u> orthorhombisch; nadelig, strahlig, mit glatter Oberfläche (brauner Glaskopf), derb, erdig. <u>Vorkommen:</u> in Blasenhohlräumen vulkanischer Gesteine, in der Oxidationszone. <u>Begleitmineralien:</u> kommt mit außerordentlich vielen verschiedenen Mineralien vor.
Ähnliche Mineralien: Lepidokrokit ist rötlicher.

4, 5 Wolframit 🚫 🌀

<u>Härte:</u> 5–5½.
<u>Dichte:</u> 7,14–7,54.
<u>Strichfarbe:</u> **gelbbraun bis dunkelbraun, manchmal fast schwarz.**
<u>Formel:</u> $(Fe,Mn)WO_4$; Mischungsreihe mit den beiden Endgliedern Ferberit (4) $FeWO_4$ und Hübnerit (5) $MnWO_4$.

<u>Farbe:</u> braun, rötlich durchscheinend (Hübnerit) bis fast schwarz (Ferberit); fettiger Metallglanz. <u>Spaltbarkeit:</u> sichtbar; Bruch uneben. <u>Tenazität:</u> spröde. <u>Kristallform:</u> monoklin; tafelig bis prismatisch, auch nadelig, strahlig, spätig, derb. <u>Vorkommen:</u> in Graniten, Pegmatiten, pneumatolytischen und hydrothermalen Gängen. <u>Begleitmineralien:</u> Turmalin, Zinnstein, Quarz, Fluorit, Apatit, Arsenkies, Molybdänglanz.
Ähnliche Mineralien: Columbit ist etwas härter; Zinnstein hat eine andere Kristallform.

Fundort/Maßstab

1 N'Chwaning, Südafrika 15fach	2 Gambatesa, Piemont, Italien / 6fach
3 Roßbach, Westerwald / 1,5fach	
4 Baia Sprie, Rumänien 3fach	5 Pasto Bueno, Peru 5fach

1 Neptunit

<u>Härte:</u> 5½.
<u>Dichte:</u> 3,23.
<u>Strichfarbe:</u> braun.
<u>Formel:</u> $Na_2FeTi[Si_4O_{12}]$

<u>Farbe:</u> schwarz bis dunkelbraun; Glasglanz. <u>Spaltbarkeit:</u> meist nicht erkennbar; Bruch muschelig. <u>Tenazität:</u> spröde. <u>Kristallform:</u> monoklin; prismatisch, oft flächenreich. <u>Vorkommen:</u> in Nephelinsyenitpegmatiten, Natrolithgängen. <u>Begleitmineralien:</u> Benitoit, Natrolith, Aegirin.
Ähnliche Mineralien: Turmalin hat eine andere Kristallform und ist härter.

2 Chromit 🜨
Chromeisenerz
<u>Härte:</u> 5½.
<u>Dichte:</u> 4,5–4,8.
<u>Strichfarbe:</u> braun.
<u>Formel:</u> $(Fe,Mg)Cr_2O_4$

<u>Farbe:</u> braunschwarz bis eisenschwarz; Metallglanz bis Fettglanz. <u>Spaltbarkeit:</u> keine; Bruch muschelig. <u>Tenazität:</u> spröde. <u>Kristallform:</u> kubisch; selten Oktaeder, meist körnig, derb, eingewachsen. <u>Vorkommen:</u> in basischen Gesteinen, in Seifen. <u>Begleitmineralien:</u> Olivin, Magnetit, Anorthit, Pyroxene.
Ähnliche Mineralien: Magnetit hat einen schwarzen Strich.

3 Keckit 🜨
<u>Härte:</u> 4.
<u>Dichte:</u> 2,7–2,9.
<u>Strichfarbe:</u> gelblichbraun.
<u>Formel:</u>
$Ca(Mn,Zn)_2Fe_3(OH)_3(PO_4)_4 \cdot 2\,H_2O$

<u>Farbe:</u> gelblich bis braun; Glasglanz. <u>Spaltbarkeit:</u> gut; Bruch uneben. <u>Tenazität:</u> spröde. <u>Kristallform:</u> monoklin; prismatisch, z.T. gebogen, radialstrahlig, krustig. <u>Vorkommen:</u> in Pegmatiten. <u>Begleitmineralien:</u> Rockbridgeit, Mitridatit.
Ähnliche Mineralien: Jahnsit, Segelerit und Wilhelmvierlingit sind mit einfachen Mitteln nicht von Keckit zu unterscheiden.

4 Rotnickelkies
Nickelin
<u>Härte:</u> 5½.
<u>Dichte:</u> 7,8.
<u>Strichfarbe:</u> schwarzbraun.
<u>Formel:</u> NiAs

<u>Farbe:</u> metallisch rosa, dunkler angelaufen; Metallglanz. <u>Spaltbarkeit:</u> meist nicht sichtbar; Bruch muschelig. <u>Tenazität:</u> spröde bis milde. <u>Kristallform:</u> hexagonal; fast immer derb. <u>Vorkommen:</u> in hydrothermalen Erzgängen und Gabbros. <u>Begleitmineralien:</u> Maucherit, Schwerspat, Arsenkies, Nickelblüte.
Ähnliche Mineralien: Maucherit ist etwas heller.

5 Hypersthen
<u>Härte:</u> 5–6.
<u>Dichte:</u> 3,5.
<u>Strichfarbe:</u> grünlich- bis bräunlichweiß.
<u>Formel:</u> $(Fe,Mg)_2[Si_2O_6]$

<u>Farbe:</u> schwarz, dunkelbraun, dunkelgrün; Glasglanz, oft metallischer Schimmer. <u>Spaltbarkeit:</u> erkennbar, oft blättrig; Bruch uneben. <u>Tenazität:</u> spröde. <u>Kristallform:</u> orthorhombisch; tafelig bis prismatisch, blättrig, körnig, derb. <u>Vorkommen:</u> in magmatischen Gesteinen, metamorphen Schiefern, vulkanischen Auswürflingen. <u>Begleitmineralien:</u> Olivin, Diopsid.
Ähnliche Mineralien: Bronzit, Enstatit sind von Hypersthen mit einfachen Mitteln oft nicht unterscheidbar.

Fundort/Maßstab	
1 San Benito County, Kalifornien, USA / 10fach	
2 Guleman, Türkei 1fach	**3** Hagendorf, Ostbayern 15fach
4 Sangerhausen, Thüringen / 15fach	**5** Summit Rock, Oregon, USA / 12fach

1, 2 Aeschynit

Härte: 5–6.
Dichte: 4,9–5,1.
Strichfarbe: gelbbraun.
Formel: $(Ce,Th,Ca)(Ti,Nb,Ta)_2O_6$

Farbe: braun bis eisenschwarz (eingewachsen), gelblich bis braun durchscheinend (aufgewachsen); Pechglanz (eingewachsen), Glasglanz (aufgewachsen). Spaltbarkeit: keine; Bruch muschelig. Tenazität: spröde. Kristallform: orthorhombisch; tafelig bis prismatisch, derb eingewachsen. Vorkommen: in Granitpegmatiten, auf alpinen Klüften. Begleitmineralien: Xenotim, Monazit, Anatas, Brookit.
Ähnliche Mineralien: Rutil hat eine tetragonale Symmetrie; Orthit ist in aufgewachsenen Kristallen etwas mehr violett und hat wie Samarskit eine andere Strichfarbe.

4, 5 Hornblende

Härte: 5–6.
Dichte: 2,9–3,4.
Strichfarbe: graugrün bis graubraun.
Formel:
$(Ca,Na,K)_{2-3}(Mg,Fe,Al)_5[(OH,F)_2/(Si,Al)_2Si_6O_{22}]$

Farbe: dunkelgrün, schwarz; Glasglanz. Spaltbarkeit: vollkommen, die Spaltflächen bilden einen Winkel von etwa 120°; Bruch uneben. Tenazität: spröde. Kristallform: monoklin; prismatisch, mit oft dreiflächiger Endbegrenzung, stengelig, derb. Vorkommen: in Graniten, Syeniten, Dioriten und vielen vulkanischen Gesteinen, auf deren Klüften, in Gneisen. Begleitmineralien: Biotit, Augit, Magnetit.
Ähnliche Mineralien: Augit hat einen anderen Spaltwinkel; Turmalin keine Spaltbarkeit.

3 Pinakiolith

Härte: 6.
Dichte: 3,9.
Strichfarbe: braun.
Formel: $Mg_3MnMn_2B_2O_{10}$

Farbe: schwarz; Metallglanz. Spaltbarkeit: gut; Bruch muschelig. Tenazität: spröde. Kristallform: monoklin; langtafelig, prismatisch, eingewachsen. Vorkommen: in metamorphen Manganlagerstätten. Begleitmineralien: Dolomit, Hausmannit.
Ähnliche Mineralien: Kristallform und Vorkommen lassen keine Verwechslung von Pinakiolith mit anderen Mineralien zu.

Aenigmatit
(ohne Foto)

Härte: 5–6.
Dichte: 3,74–3,85.
Strichfarbe: rötlichbraun.
Formel: $Na_2Fe_5TiSi_6O_{20}$

Farbe: schwarz; Glasglanz bis Pechglanz. Spaltbarkeit: vollkommen; Bruch uneben. Tenazität: spröde. Kristallform: triklin; langprismatisch, tafelig, meist eingewachsen. Vorkommen: in magmatischen Gesteinen. Begleitmineralien: Sodalith, Feldspat.
Ähnliche Mineralien: Hornblende hat keinen so rötlichen Strich.

Fundort/Maßstab	
1 Mølland, Norwegen 6fach	2 Rauris, Österreich 15fach
3 Långban, Schweden 8fach	4 Korretsberg, Eifel 3fach
5 Val Bedretto, Schweiz / 2,5fach	

1 Euxenit ⊕

Härte: 5½-6½.
Dichte: 4,3-5,8.
Strichfarbe: gelblich, bräunlich, grau.
Formel: $(Y, Ce, U)(Nb, Ta, Ti)_2 O_6$

Farbe: schwarz, oft gelblicher Überzug; Fettglanz. Spaltbarkeit: keine; Bruch muschelig. Tenazität: spröde. Kristallform: orthorhombisch; tafelig, prismatisch, derb. Vorkommen: in Pegmatiten. Begleitmineralien: Monazit, Feldspat, Quarz.

Ähnliche Mineralien: Monazit ist nicht schwarz; Fergusonit und Betafit haben eine andere Kristallform.

2 Fergusonit ⊕

Härte: 5-6½.
Dichte: 4,7-6,2.
Strichfarbe: hellbraun.
Formel: $Y(Nb,Ta)O_4$

Farbe: braun bis schwarz; Fettglanz. Spaltbarkeit: keine; Bruch muschelig bis uneben. Tenazität: spröde. Kristallform: tetragonal; pyramidal, immer eingewachsen, derb. Vorkommen: in Granitpegmatiten. Begleitmineralien: Monazit, Samarskit, Priorit.

Ähnliche Mineralien: Samarskit, Aeschynit haben eine andere Strichfarbe; Monazit besitzt eine vollkommene Spaltbarkeit.

3 Bronzit ⊕ ✪

Härte: 5-6.
Dichte: 3,2-3,4.
Strichfarbe: bräunlichweiß.
Formel: $(Mg,Fe)_2[Si_2O_6]$

Farbe: braun, grünlich; auf Absonderungsflächen seiden- bis metallartiger Glanz. Spaltbarkeit: kaum erkennbar, aber blättrige bis faserige Absonderung; Bruch blättrig bis faserig. Tenazität: spröde. Kristallform: orthorhombisch; blättrig bis faserig. Vorkommen: in Noriten, zum Teil regelrechte Bronzitfelse bildend; in Peridotiten, in Meteoriten. Begleitmineralien: Ilmenit, Chromit, Olivin, Serpentin.

Ähnliche Mineralien: Der metallische Glanz von Bronzit auf den Absonderungsflächen ist charakteristisch und unterscheidet von anderen Mineralien; Hypersthen und Enstatit sind mit einfachen Mitteln oft nicht zu unterscheiden.

4 Franklinit ⊕

Härte: 6-6½.
Dichte: 5,0-5,2.
Strichfarbe: rotbraun.
Formel: $ZnFe_2O_4$

Farbe: schwarz; Metallglanz. Spaltbarkeit: keine; Bruch muschelig. Tenazität: spröde. Kristallform: kubisch; meist Oktaeder, derb, eingewachsen. Vorkommen: in metamorphen Zinklagerstätten. Begleitmineralien: Zinkit, Willemit, Kalkspat.

Ähnliche Mineralien: Von Magnetit unterscheidet sich Franklinit durch die Paragenese mit Zinkmineralien; Gahnit ist härter.

Fundort/Maßstab

1 Antsirabé, Madagaskar / 8fach	
2 Tsaratanana, Madagaskar / 6fach	3 Kraubath, Österreich 1,2fach
4 Franklin, New Jersey, USA / 4fach	

1 Helvin 🌐 🔶

Härte: 6.
Dichte: 3,1–3,66.
Strichfarbe: bräunlich.
Formel: $(Fe,Mn,Zn)_8[S_2/(BeSiO_4)_6]$; die Endglieder der Mischkristallreihe heißen Danalith (Fe), Helvin (Mn) und Genthhelvin (Zn).

Farbe: hellgelb, rötlichbraun, dunkelbraunrot; Glasglanz. Spaltbarkeit: keine; Bruch muschelig. Tenazität: spröde. Kristallform: kubisch; Tetraeder, selten Rhombendodekaeder, aufgewachsen, eingewachsen, körnig, dicht. Vorkommen: in Skarnlagerstätten. Begleitmineralien: Fluorit, Granat.
Ähnliche Mineralien: Tetraedrische Kristalle von Helvin sind sehr charakteristisch, rhombendodekaedrische Kristalle und derbe Massen sind von Granat nur sehr schwer zu unterscheiden; Zinkblende hat deutlich eine Spaltbarkeit.

2 Polymignit 🌐

Härte: 6½.
Dichte: 4,7–4,8.
Strichfarbe: braun.
Formel: $(Ca,Fe,Y,Th)(Nb,Ti,Ta)O_4$

Farbe: schwarz; fettiger Metallglanz. Spaltbarkeit: keine; Bruch muschelig. Tenazität: spröde. Kristallform: orthorhombisch; langtafelig, derb. Vorkommen: in Pegmatiten. Begleitmineralien: Feldspat, Zirkon.
Ähnliche Mineralien: Thortveitit ist nicht schwarz, Columbit hat einen schwarzen Strich.

3 Johannsenit 🔶

Härte: 6.
Dichte: 3,4–3,6.
Strichfarbe: braun.
Formel: $Ca(Mn,Fe)Si_2O_6$

Farbe: grünlich, braun, schwarz; Glasglanz. Spaltbarkeit: gut; Bruch muschelig. Tenazität: spröde. Kristallform: monoklin; kurzprismatisch, dicktafelig, derb. Vorkommen: in metamorphen Manganlagerstätten. Begleitmineralien: Rhodonit, Bustamit.
Ähnliche Mineralien: Bei Beachtung der Paragenese ist eine Verwechslung kaum möglich.

4 Babingtonit 🌐 🔺

Härte: 5½–6.
Dichte: 3,25–3,35.
Strichfarbe: bräunlichschwarz.
Formel: $Ca_2FeFeSi_5O_{14}OH$

Farbe: schwarz; Glasglanz. Spaltbarkeit: vollkommen; Bruch uneben. Tenazität: spröde. Kristallform: triklin; dicktafelig bis kurzprismatisch. Vorkommen: auf Klüften in Granit, in Pegmatiten und Hohlräumen vulkanischer Gesteine. Begleitmineralien: Epidot, Quarz, Prehnit.
Ähnliche Mineralien: Axinit hat einen anderen Strich.

5 Ardennit 🔶

Härte: 6–7.
Dichte: 3,62.
Strichfarbe: gelblichbraun.
Formel:
$Mn_5Al_5(As,V)O_4Si_5O_{20}(OH)_2 \cdot 2\,H_2O$

Farbe: gelbbraun; Glasglanz. Spaltbarkeit: vollkommen; Bruch uneben. Tenazität: spröde. Kristallform: orthorhombisch; strahlig. Vorkommen: in metamorphen Manganlagerstätten. Begleitmineralien: Quarz, Calcit.
Ähnliche Mineralien: Sursassit und Saneroit sind mehr rötlich.

Fundort/Maßstab

1 Tvedalen, Norwegen 8fach	2 Tjölling, Norwegen 6fach
3 Broken Hill, Australien / 8fach	
4 Poona, Indien / 8fach	5 Salm Chateau, Belgien 5fach

1 Lorenzenit ⬡

Härte: 6.
Dichte: 3,4.
Strichfarbe: schwärzlichbraun.
Formel: $Na_2Ti_2Si_2O_9$

Farbe: braun bis schwarz; Glasglanz bis Fettglanz. Spaltbarkeit: schlecht; Bruch uneben. Tenazität: spröde. Kristallform: orthorhombisch; dicktafelig, nadelig, faserig. Vorkommen: in Alkaligesteinen. Begleitmineralien: Aegirin, Nephelin.
Ähnliche Mineralien: Orthit, Zirkon haben eine andere Kristallform, Monazit ist nie schwarz.

2 Pseudobrookit ⬤

Härte: 6.
Dichte: 4,4.
Strichfarbe: bräunlich bis rötlich, ockergelb.
Formel: Fe_2TiO_5

Farbe: rot, schwarz, rotschwarz; Metallglanz. Spaltbarkeit: kaum erkennbar; Bruch muschelig. Tenazität: spröde. Kristallform: orthorhombisch; prismatisch bis tafelig. Vorkommen: in Drusen und Hohlräumen vulkanischer Gesteine. Begleitmineralien: Pyroxen, Hornblende, Tridymit.
Ähnliche Mineralien: Bei Beachtung der Paragenese sind keine Verwechslungen möglich.

3 Braunit ⬡

Härte: 6-6½.
Dichte: 4,7-4,8.
Strichfarbe: dunkelbraun.
Formel: $MnMn_6SiO_{12}$

Farbe: schwarz; Metallglanz. Spaltbarkeit: vollkommen; Bruch uneben. Tenazität: spröde. Kristallform: tetragonal; oktaeder- und würfelähnlich, körnig, derb. Vorkommen: in metamorphen Manganlagerstätten; Begleitmineralien: Hausmannit, Manganit.
Ähnliche Mineralien: Magnetit ist deutlich magnetisch; Hausmannit oft mit einfachen Mitteln nicht unterscheidbar.

4 Hibonit ⬡

Härte: 7½-8.
Dichte: 3,84.
Strichfarbe: braun.
Formel: $(Ca,Ce)(Al,Ti,Mg)_{12}O_{19}$

Farbe: schwarz bis schwarzbraun; Glasglanz bis leicht metallisch. Spaltbarkeit: erkennbar; Bruch muschelig. Tenazität: spröde. Kristallform: hexagonal; prismatisch bis dicktafelig. Vorkommen: in metamorphem Kalkstein. Begleitmineralien: Thorianit, Korund, Spinell.
Ähnliche Mineralien: Korund ist nie schwarz.

5, 6 Rutil ⬡

Härte: 6.
Dichte: 4,2-4,3.
Strichfarbe: gelblichbraun.

Formel: TiO_2

Farbe: gelblichbraun, braunrot, rot, schwarz; Diamant- bis Metallglanz. Spaltbarkeit: vollkommen nach dem Prisma, aber nur an dicken Kristallen sichtbar; Bruch muschelig. Tenazität: spröde. Kristallform: tetragonal; prismatisch bis nadelig, haarförmig, kniefömige Zwillinge, regelrechte Gitter. Vorkommen: in Pegmatiten, auf alpinen Klüften, in Sedimentgesteinen, metamorphen Gesteinen und Seifen. Begleitmineralien: Anatas, Brookit, Titanit, Haematit.
Ähnliche Mineralien: Turmalin ist härter und hat einen anderen Glanz; Magnetit einen anderen Strich.

Fundort/Maßstab

1 Kola, UdSSR / 2fach	2 Thomas Range, Utah, USA / 8fach
3 Långban, Schweden 6fach	4 Fort Dauphin, Madagaskar / 3fach
5 Rauris, Österreich 5fach	6 Pfitschtal, Südtirol 4fach

1 Tirolit O_2

Dichte: 3,2.
Strichfarbe: blaugrün.
Formel:
$Ca_2Cu_9[(OH)_{10}/(AsO_4)_4]\cdot 10\ H_2O$

Farbe: blaugrün bis hellgrün. Perlmuttglanz. Spaltbarkeit: nach der Basis sehr vollkommen; Bruch blättrig. Tenazität: milde, Blättchen biegsam. Kristallform: orthorhombisch; dünntafelig, oft zu Rosetten verwachsen, derb, krustig, als Überzug, erdig. Vorkommen: in der Oxidationszone. Begleitmineralien: Brochantit, Langit, Posnjakit.
Ähnliche Mineralien: Posnjakit ist rein blau; Azurit dunkler blau; Brochantit rein grün.

2 Ktenasit O_2

Härte: 2–2½.
Dichte: 2,9.
Strichfarbe: grünlich.
Formel: $(Cu,Zn)_3(SO_4)(OH)_4\cdot 2\ H_2O$

Farbe: blaugrün, grün; Glasglanz. Spaltbarkeit: erkennbar; Bruch uneben. Tenazität: spröde. Kristallform: monoklin; tafelig, krustig. Vorkommen: in der Oxidationszone. Begleitmineralien: Glaukokerinit, Serpierit.
Ähnliche Mineralien: Glaukokerinit ist weicher; Serpierit nicht tafelig, sondern nadelig.

3 Chalkophyllit O_2

Härte: 2.
Dichte: 2,67.
Strichfarbe: grünlich.
Formel:
$Cu_{18}Al_2(AsO_4)_3(SO_4)_3(OH)_{27}\cdot 36\ H_2O$

Farbe: blaugrün bis smaragdgrün; Glasglanz. Spaltbarkeit: vollkommen; Bruch blättrig. Tenazität: biegsam. Kristallform: hexagonal; dünntafelig, Rosetten, Krusten. Vorkommen: in der Oxidationszone. Begleitmineralien: Devillin, Malachit, Spangolith, Tirolit.
Ähnliche Mineralien: Mit Chalkophyllit verwechselbare Mineralien mit grünem Strich bilden keine sechsseitigen Täfelchen.

4, 5 Chlorit

Härte: 2.
Dichte: 2,6–3,3 (je nach Eisengehalt).
Strichfarbe: grün bis braun.
Formel:
$(Fe,Mg,Al)_6[(OH)_2/(Si,Al)_4O_{10}]$

Die Chlorite bilden eine Mischungsreihe mit vier theoretischen Endgliedern, die obige Formel ist sehr verallgemeinert, wichtigere Glieder der Gruppe sind: Pennin (siliciumreich), Klinochlor (magnesium- und aluminiumreich), Chamosit (stark eisenhaltig), Rhipidolith (mittlere Eisengehalte, aluminiumreich).

Farbe: dunkelgrün bis braun; Glasglanz, auf Spaltflächen Perlmuttglanz. Spaltbarkeit: nach der Basis vollkommen; Bruch blättrig. Tenazität: milde. Kristallform: monoklin; dünn- bis dicktafelig, wurmförmig, körnig, sandförmig. Vorkommen: in metamorphen Gesteinen (Chloritschiefer) und Sedimenten, auf alpinen Klüften. Begleitmineralien: Grossular, Rutil, Glimmer, Vesuvian, Diopsid.
Ähnliche Mineralien: Glimmer sind härter.

Fundort/Maßstab

1 Brixlegg, Tirol / 10fach	2 Letmathe, Iserlohn 12fach
3 Špania Dolina, CSSR 12fach	4 Rauris, Österreich 2fach
5 Val Casaccia, Schweiz / 5fach	

1 Torbernit O_2

Kupferuranglimmer

Härte: 2-2½.
Dichte: 3,3-3,7.
Strichfarbe: grün.
Formel: $Cu[UO_2/PO_4]_2 \cdot 8\text{-}12\ H_2O$

Farbe: smaragdgrün; Glasglanz, auf Spaltflächen Perlmuttglanz. Spaltbarkeit: vollkommen nach der Basis; Bruch uneben. Tenazität: spröde bis milde. Kristallform: tetragonal; dünn- bis dicktafelig, bipyramidal, aufgewachsen, erdig, krustig. Vorkommen: in der Oxidationszone, auf Klüften von Graniten. Begleitmineralien: Autunit, Uranocircit, Flußspat, Baryt.
Ähnliche Mineralien: Autunit fluoresziert im Gegensatz zu Torbernit beim Bestrahlen mit UV-Licht; Zeunerit läßt sich mit einfachen Mitteln nicht unterscheiden, die Paragenese mit arsenhaltigen Mineralien gibt aber Hinweise.

2, 3 Devillin O_2

Härte: 2½.
Dichte: 3,13.
Strichfarbe: blaßgrün.
Formel: $CaCu_4(SO_4)_2(OH)_6 \cdot 3\ H_2O$

Farbe: smaragdgrün bis blaugrün; Glasglanz. Spaltbarkeit: vollkommen; Bruch blättrig. Tenazität: biegsam. Kristallform: monoklin; sechsseitige, gestreifte Täfelchen, kugelig, krustig. Vorkommen: in der Oxidationszone. Begleitmineralien: Tirolit; Schulenbergit.
Ähnliche Mineralien: Schulenbergit hat eine andere Strichfarbe; Chalkophyllit ist meist mehr blau, oft aber nur schwer von Devillin zu unterscheiden.

4 Zeunerit O_2

Härte: 2-2½.
Dichte: 3,79.
Strichfarbe: grün.
Formel: $Cu[UO_2/AsO_4]_2 \cdot 8\text{-}12\ H_2O$

Farbe: smaragdgrün; Glasglanz, auf Spaltflächen Perlmuttglanz. Spaltbarkeit: nach der Basis vollkommen; Bruch uneben. Tenazität: spröde bis milde. Kristallform: tetragonal; tafelig bis bipyramidal, Krusten. Vorkommen: in der Oxidationszone. Begleitmineralien: Quarz, Schwerspat, Heinrichit.
Ähnliche Mineralien: Von Torbernit ist Zeunerit mit einfachen Mitteln nicht zu unterscheiden, die Paragenese mit anderen arsenreichen Mineralien gibt aber meist deutliche Hinweise.

5 Chrysokoll O_2

Härte: 2-4.
Dichte: 2,0-2,2.
Strichfarbe: grünlichweiß.
Formel: $CuSiO_3 + aq.$

Farbe: hellblau, blau, grünblau; Glasglanz, etwas fettig. Spaltbarkeit: keine; Bruch muschelig. Tenazität: spröde. Kristallform: meist amorph; traubige, niedrige Massen, krustig, stalaktitisch, derb. Vorkommen: in der Oxidationszone. Begleitmineralien: Cuprit, Malachit, Azurit, Limonit.
Ähnliche Mineralien: Malachit hat eine andere Farbe; Türkis ist härter.

Fundort/Maßstab

1 Menzenschwand, Schwarzwald / 8fach	2 Oberschulenberg, Harz 9fach
3 Špania Dolina, CSSR 2fach	4 Wittichen, Schwarzwald / 3fach
5 Pilgrims Rest, Transvaal, Südafrika / 3fach	

1 Klinoklas O$_2$

Härte: 2½–3.
Dichte: 4,2–4,4.
Strichfarbe: bläulichgrün.
Formel: $Cu_3[(OH)_3/AsO_4]$

Farbe: grünlichblau bis fahlblau; Glasglanz. Spaltbarkeit: nach der Basis vollkommen; Bruch blättrig. Tenazität: spröde. Kristallform: monoklin; prismatisch bis tafelig, strahlig, nierig, krustig, als Überzug. Vorkommen: in der Oxidationszone. Begleitmineral: Olivenit.
Ähnliche Mineralien: Azurit ist dunkler blau.

2 Nissonit O$_2$

Härte: 2½.
Dichte: 2,73.
Strichfarbe: grünlich.
Formel: $Cu_2Mg_2(PO_4)_2(OH)_2 \cdot 5\,H_2O$

Farbe: glaugrün; Glasglanz. Spaltbarkeit: schlecht erkennbar; Bruch uneben. Tenazität: spröde. Kristallform: monoklin; tafelig bis langtafelig, meist Krusten. Vorkommen: in der Oxidationszone. Begleitmineralien: Türkis, Chrysokoll, Azurit.
Ähnliche Mineralien: Chrysokoll ist von derbem Nissonit nur schwer zu unterscheiden.

3 Olivenit O$_2$

Härte: 3.
Dichte: 4,3.
Strichfarbe: gelb bis olivgrün.
Formel: $Cu_2[OH/AsO_4]$

Farbe: hell- bis olivgrün, schwarzgrün, braun; Glasglanz. Spaltbarkeit: keine; Bruch muschelig. Tenazität: spröde. Kristallform: orthorhombisch; tafelig bis prismatisch, nadelig, haarförmig, faserig, strahlig, traubig, nierig, erdig. Vorkommen: in der Oxidationszone. Begleitmineralien: Cornwallit, Agardit, Klinoklas.
Ähnliche Mineralien: Adamin ist meist nicht dunkel olivgrün, manchmal aber von Olivenit nicht einfach zu unterscheiden.

4 Libethenit O$_2$

Härte: 4.
Dichte: 3,8.
Strichfarbe: olivgrün.
Formel: $Cu_2[OH/PO_4]$

Farbe: dunkel- bis schwarzgrün; Glasglanz. Spaltbarkeit: keine; Bruch muschelig. Tenazität: spröde. Kristallform: orthorhombisch; prismatisch bis oktaederähnlich, aufgewachsen, radialstrahlig, nierig, krustig. Vorkommen: in der Oxidationszone. Begleitmineralien: Euchroit, Pseudomalachit.
Ähnliche Mineralien: Adamin und Olivenit sind mit einfachen Mitteln von Libethenit nicht zu unterscheiden, aber meist durch die Paragenese mit anderen Arsenaten gekennzeichnet.

5 Atacamit O$_2$

Härte: 3–3½.
Dichte: 3,76.
Strichfarbe: grün.
Formel: $Cu_2(OH)_3Cl$

Farbe: smaragdgrün bis schwärzlichgrün; Glasglanz. Spaltbarkeit: vollkommen; Bruch muschelig. Tenazität: spröde. Kristallform: orthorhombisch; prismatisch, selten tafelig, strahlig, blättrig, krustig, derb, als Anflug. Vorkommen: in der Oxidationszone. Begleitmineralien: Cuprit, Malachit, gediegen Kupfer.
Ähnliche Mineralien: Malachit braust beim Betupfen mit Salzsäure; Brochantit ist etwas härter und nicht so schwärzlichgrün.

Fundort/Maßstab

1 Grube Clara, Schwarzwald / 10fach	**2** Panoche Valley, Kalifornien, USA / 15fach
3 Grube Clara, Schwarzwald / 10fach	
4 Nishne Tagilsk, UdSSR 6fach	**5** La Farola, Chile / 6fach

1 Mottramit O_2

Härte: 3½.
Dichte: 5,7–6,2.
Strichfarbe: grün.
Formel: $Pb(Cu,Zn)|OH/VO_4|$

Farbe: olivgrün bis schwarzgrün; Harzglanz. Spaltbarkeit: keine; Bruch uneben. Tenazität: spröde. Kristallform: orthorhombisch; selten prismatisch, meist strahlig, krustig, dendritisch. Vorkommen: in der Oxidationszone. Begleitmineralien: Descloizit, Azurit, Malachit.
Ähnliche Mineralien: Descloizit ist mehr braun; Malachit mehr smaragdgrün.

2 Mixit O_2

Härte: 3–4.
Dichte: 3,8.
Strichfarbe: grün.
Formel:
$(Bi,CaH)Cu_6|(OH)_6/(AsO_4)_3| \cdot 3\ H_2O$

Farbe: blaugrün bis gelbgrün; Glas- bis Seidenglanz. Spaltbarkeit: nicht erkennbar; Bruch faserig. Tenazität: spröde. Kristallform: hexagonal; nadelig, haarförmig, radialstrahlig, erdig, derb. Vorkommen: in der Oxidationszone. Begleitmineralien: Pharmakosiderit, Zeunerit, Arseniosiderit, Wittichenit, Emplektit.
Ähnliche Mineralien: Agardit ist mit einfachen Mitteln von Mixit nicht leicht zu unterscheiden, die Paragenese mit Wismuterzen gibt oft Hinweise.

3 Brochantit O_2

Härte: 3½–4.
Dichte: 3,97.
Strichfarbe: grün bis hellgrün.
Formel: $Cu_4|(OH)_6/SO_4|$

Farbe: smaragdgrün; Glasglanz, auf Spaltflächen Perlmuttglanz. Spaltbarkeit: vollkommen, wegen der nadeligen Kristalle oft nicht sichtbar; Bruch uneben. Tenazität: spröde. Kristallform: monoklin; nadelig, selten tafelig, radialstrahlig, faserig, niedrig, körnig, erdig. Vorkommen: in der Oxidationszone. Begleitmineralien: Malachit, Azurit, Antlerit, Langit, Posnjakit.
Ähnliche Mineralien: Malachit braust beim Betupfen mit Salzsäure; Atacamit ist etwas weicher und meist etwas dunkler, aber ebenso wie Antlerit mit einfachen Mitteln von Brochantit nicht leicht zu unterscheiden.

4 Euchroit O_2

Härte: 3½–4.
Dichte: 3,45.
Strichfarbe: grün.
Formel: $Cu_2AsO_4OH \cdot 3\ H_2O$

Farbe: smaragdgrün; Glasglanz. Spaltbarkeit: nicht erkennbar; Bruch muschelig. Tenazität: spröde. Kristallform: orthorhombisch; kurzprismatisch bis dicktafelig. Vorkommen: in der Oxidationszone. Begleitmineralien: Libethenit, Azurit, Malachit.
Ähnliche Mineralien: Olivenit und Libethenit haben eine andere Kristallform.

Fundort/Maßstab

1 Tsumeb, Namibia / 8fach	
2 Wittichen, Schwarzwald / 15fach	3 Potrerillos, Chile 12fach
4 Libethen, CSSR / 8fach	

1 Zaratit O_2

Härte: 3½.
Dichte: 2,6–2,7.
Strichfarbe: grün.
Formel: $Ni_3CO_3(OH)_4 \cdot 4\,H_2O$

Farbe: smaragdgrün; Glasglanz. Spaltbarkeit: keine; Bruch muschelig. Tenazität: spröde. Kristallform: kubisch; derb, krustig. Vorkommen: in Serpentingesteinen. Begleitmineralien: Serpentin, Chromit, Millerit.
Ähnliche Mineralien: Bei Beachtung der Paragenese und Farbe gibt es keine Verwechslung mit anderen Mineralien.

2, 3, 4 Agardit O_2

Härte: 3–4.
Dichte: 3,6–3,7.
Strichfarbe: grünlich.
Formel:
$(SE,Ca)_2Cu_{12}(AsO_4)_6(OH)_{12} \cdot 6\,H_2O$

Die Mineralien der Agardit-Gruppe sind je nach dem vorherrschenden Element in der Gruppe der seltenen Erden benannt. Das Mineral mit überwiegend Lanthan heißt Agardit-La, mit vorherrschend Cer Agardit-Ce und mit überwiegend Yttrium Agardit-Y. Allgemein bezeichnet man die Mineralien dieser Gruppe auch häufig als Chlorotil.

Farbe: gelblichgrün bis bläulichgrün; Glasglanz. Spaltbarkeit: nicht erkennbar; Bruch uneben, faserig. Tenazität: spröde. Kristallform: hexagonal; nadelige Büschel. Vorkommen: in der Oxidationszone. Begleitmineralien: Adamin, Olivenit, Cornwallit.
Ähnliche Mineralien: Die Unterscheidung der einzelnen Agardit-Mineralien untereinander und von Mixit ist mit einfachen Mitteln nicht möglich, ansonsten sind sie sehr charakteristisch.

5 Namibit O_2

Härte: 3–4.
Dichte: 6,86.
Strichfarbe: grün.
Formel: $CuBi_2VO_6$

Farbe: dunkelgrün; Glasglanz. Spaltbarkeit: kaum erkennbar; Bruch uneben. Tenazität: spröde. Kristallform: monoklin; tafelig, derb. Vorkommen: in der Oxidationszone. Begleitmineralien: Malachit, Beyerit, Bismutit.
Ähnliche Mineralien: Malachit ist mehr faserig und braust mit Salzsäure.

Arthurit O_2
(ohne Foto)

Härte: 3–4.
Dichte: 3,02.
Strichfarbe: grünlich.
Formel:
$Cu_2Fe_4(AsO_4)_4(O,OH)_4 \cdot 8\,H_2O$

Farbe: apfelgrün bis smaragdgrün; Glasglanz. Spaltbarkeit: nicht erkennbar; Bruch uneben. Tenazität: spröde. Kristallform: monoklin; prismatisch, nadelig, radialstrahlig, nierig, krustig. Vorkommen: in der Oxidationszone. Begleitmineralien: Pharmakosiderit, Beudantit, Olivenit.
Ähnliche Mineralien: Olivenit ist mit einfachen Mitteln von Arthurit oft nicht leicht unterscheidbar.

Fundort/Maßstab

1 Lord Brassey Mine, Tasmanien / 8fach	2 Bou Skour, Marokko 12fach
3 Lavrion, Griechenland / 8fach	
4 Grube Clara, Schwarzwald / 8fach	5 Khorixas, Namibia 20fach

1 Antlerit O_2

Härte: 3½.
Dichte: 3,8–3,9.
Strichfarbe: grün.
Formel: $Cu_3SO_4(OH)_4$

Farbe: smaragdgrün; Glasglanz. Spaltbarkeit: vollkommen; Bruch uneben. Tenazität: spröde. Kristallform: orthorhombisch; dicktafelig bis kurzprismatisch, faserige, nadelig. Vorkommen: in der Oxidationszone. Begleitmineralien: Malachit, Atacamit.

Ähnliche Mineralien: Malachit braust im Gegensatz zu Antlerit mit Salzsäure.

2 Mitridatit 🌐 O_2

Härte: 3½.
Dichte: 3,2.
Strichfarbe: olivgrün.
Formel: $Ca_3Fe_4[(OH)_6/(PO_4)_4] \cdot 3 H_2O$

Farbe: olivgrün; Glasglanz, meist aber matt. Spaltbarkeit: gut, aber praktisch nie erkennbar; Bruch uneben. Tenazität: spröde bis milde. Kristallform: monoklin; sehr selten tafelig, meist erdig, krustig. Vorkommen: in Phosphatpegmatiten, selten in sedimentären Eisenlagerstätten. Begleitmineralien: Triphylin und viele Sekundärphosphate.

Ähnliche Mineralien: In der Paragenese mit anderen Sekundärphosphaten in Phosphatpegmatiten ist Mitridatit nicht verwechselbar.

3 Arsentsumebit O_2

Härte: 3.
Dichte: 6,0–6,1.
Strichfarbe: grün.
Formel: $Pb_2Cu(AsO_4)(SO_4)OH$

Farbe: smaragdgrün; Glasglanz. Spaltbarkeit: keine; Bruch uneben. Tenazität: spröde. Kristallform: monoklin; tafelig, Krusten. Vorkommen: in der Oxidationszone. Begleitmineralien: Azurit, Cerussit.

Ähnliche Mineralien: Devillin und Chalkophyllit sind nicht spröde.

4 Spangolith O_2

Härte: 3.
Dichte: 3,14.
Strichfarbe: blaßgrün.
Formel: $Cu_6AlSO_4(OH)_{12}Cl \cdot 3 H_2O$

Farbe: dunkelgrün bis blaugrün; Glasglanz. Spaltbarkeit: vollkommen; Bruch uneben. Tenazität: spröde. Kristallform: hexagonal; kurzprismatisch bis dicktafelig, Krusten. Vorkommen: in der Oxidationszone. Begleitmineralien: Serpierit, Brochantit, Azurit.

Ähnliche Mineralien: Chalkophyllit und Devillin sind immer dünntafelig.

5 Dufrenit 🌐 O_2

Härte: 3½–4.
Dichte: 3,1–3,3.
Strichfarbe: grün.
Formel:
$Fe^{2+}Fe_4^{3+}(OH)_5(PO_4)_3 \cdot 2 H_2O$

Farbe: gelbgrün bis schwarzgrün, durch Oxidation braun; Glasglanz bis matt. Spaltbarkeit: vollkommen; Bruch uneben. Tenazität: spröde. Kristallform: monoklin; dicktafelig, strahlige Krusten, kugelig. Vorkommen: in Phosphatpegmatiten. Begleitmineralien: Hureaulith, Laubmannit, Rockbridgeit.

Ähnliche Mineralien: Rockbridgeit ist schwärzer, mit einfachen Mitteln von Dufrenit aber oft nicht unterscheidbar.

Fundort/Maßstab

1 Bisbee, Arizona, USA 15fach	2 Hagendorf, Ostbayern 12fach
3 Tsumeb, Namibia / 15fach	
4 Lavrion, Griechenland 12fach	5 Mangualde, Portugal 10fach

1, 2, 3 Malachit O_2

Härte: 4.
Dichte: 4,0.
Strichfarbe: grün.
Formel: $Cu_2[(OH)_2/CO_3]$

Farbe: smaragdgrün; Glasglanz, in Aggregaten Seidenglanz, auch matt. Spaltbarkeit: gut, aber wegen der meist nadeligen oder strahligen Ausbildung praktisch nicht sichtbar; Bruch muschelig. Tenazität: spröde. Kristallform: monoklin; nadelige Büschel, strahlig, faserig, nierige Krusten, derb, erdig. Vorkommen: in der Oxidationszone. Begleitmineralien: Limonit, Azurit und andere Oxidationsmineralien. Besondere Eigenschaften: braust beim Betupfen mit verdünnter Salzsäure.

Ähnliche Mineralien: Verwechselbare Mineralien brausen nicht beim Betupfen mit verdünnter Salzsäure.

4 Rosasit O_2

Härte: 4.
Dichte: 4,0.
Strichfarbe: blaugrün.
Formel: $(Cu,Zn)_2[(OH)_2/CO_3]$

Farbe: grün mit Stich ins Blaue; Glasglanz. Spaltbarkeit: wegen der nadeligen Ausbildung nicht zu erkennen; Bruch faserig. Tenazität: spröde. Kristallform: monoklin; immer nadelig, radialstrahlig, Krusten, Überzüge. Vorkommen: in der Oxidationszone. Begleitmineralien: Smithsonit, Hemimorphit, Linarit. Besondere Eigenschaften: braust mit verdünnter Salzsäure.

Ähnliche Mineralien: Malachit ist smaragdgrün ohne blauen Stich; Chrysokoll braust nicht mit Salzsäure.

Hagendorfit
(ohne Foto)

Härte: 4.
Dichte: 3,5–3,7.
Strichfarbe: grün.
Formel: $(Na,Ca)_2(Fe,Mn)_3[PO_4]_3$

Farbe: schwarzgrün; Glas- bis Fettglanz. Spaltbarkeit: in drei Richtungen erkennbar; Bruch spätig. Tenazität: spröde. Kristallform: monoklin; selten eingewachsen; prismatisch, meist derbe, spätige Massen. Vorkommen: in Phosphatpegmatiten. Begleitmineralien: Zwieselit, Triphylin.

Ähnliche Mineralien: Verwechslung von Hagendorfit mit anderen Phosphaten ist kaum möglich; Rockbridgeit ist immer strahlig.

Hühnerkobelit
(ohne Foto)

Härte: 4.
Dichte: 3,5–3,6.
Strichfarbe: grünlich.
Formel: $(Ca,Na)_2(Fe,Mn)_3[PO_4]_3$

Farbe: schwarzgrün, Glasglanz bis Fettglanz. Spaltbarkeit: in drei Richtungen erkennbar; Bruch spätig. Tenazität: spröde. Kristallform: monoklin; prismatisch, derb, spätige Massen. Vorkommen: in Phosphatpegmatiten. Begleitmineralien: Triphylin, Zwieselit.

Ähnliche Mineralien: Hagendorfit ist mit einfachen Mitteln nicht von Hühnerkobelit zu unterscheiden, Rockbridgeit ist immer strahlig.

Fundort/Maßstab

1 Betzdorf, Siegerland / 4fach	
2 Lavrion, Griechenland 8fach	3 Shaba, Zaire / 1,5fach
4 Hayden, Arizona, USA / 8fach	

1

2|3

4

1 Laubmannit O_2

Härte: 4.
Dichte: 3,3.
Strichfarbe: grün.
Formel: $Fe_3^{2+}Fe_6^{3+}[(OH)_3/PO_4]_4$

Farbe: grau- bis olivgrün, gelbgrün; Glasglanz. Spaltbarkeit: wegen der strahligen Beschaffenheit nicht erkennbar; Bruch faserig. Tenazität: spröde. Kristallform: orthorhombisch; nadelig bis faserig, Büschel, radialstrahlig, kugelig, nierig. Vorkommen: in phosphorhaltigen Brauneisenlagerstätten. Begleitmineralien: Rockbridgeit, Beraunit, Strengit, Kakoxen.
Ähnliche Mineralien: Rockbridgeit ist meist dunkler, manchmal aber schwer von Laubmannit zu unterscheiden, dieser kann nadelige Fortwachsungen auf Rockbridgeit bilden.

2 Kidwellit O_2

Härte: 4.
Dichte: 2,5.
Strichfarbe: grünlich.
Formel: $NaFe_9(PO_4)_6(OH)_{10} \cdot 5\ H_2O$

Farbe: gelblichgrün; Glasglanz. Spaltbarkeit: nicht erkennbar; Bruch faserig. Tenazität: spröde. Kristallform: monoklin; faserige, radialstrahlige Krusten. Vorkommen: in Phosphatlagerstätten. Begleitmineralien: Rockbridgeit, Strengit.
Ähnliche Mineralien: Beraunit bildet meist nur einzelne Büschel und keine dichten Krusten.

3 Pseudomalachit O_2

Härte: 4½.
Dichte: 4,34.
Strichfarbe: grün.
Formel: $Cu_5[(OH)_2/PO_4]_2$

Farbe: dunkel- bis schwärzlichgrün; Glas- bis Fettglanz. Spaltbarkeit: keine; Bruch muschelig. Tenazität: spröde. Kristallform: monoklin; tafelig, oft radialstrahlig, nierig, krustig, erdig. Vorkommen: in der Oxidationszone. Begleitmineralien: Kupferkies, Malachit.
Ähnliche Mineralien: Malachit braust im Gegensatz zu Pseudomalachit beim Betupfen mit Salzsäure; Cornwallit ist mit einfachen Mitteln nicht zu unterscheiden, die Paragenese mit anderen arsenhaltigen Mineralien gibt aber meist deutliche Hinweise.

4 Konichalcit O_2

Härte: 4½.
Dichte: 4,33.
Strichfarbe: hellgrün.
Formel: $CaCu[OH/AsO_4]$

Farbe: hell- bis apfelgrün; Glasglanz. Spaltbarkeit: nicht erkennbar; Bruch uneben. Tenazität: spröde. Kristallform: orthorhombisch; nadelig, radialstrahlig, nierig, warzig, krustig, als Überzug. Vorkommen: in der Oxidationszone. Begleitmineralien: Cuproadamin, Olivenit, Beudantit.
Ähnliche Mineralien: Die apfelgrüne Farbe ist sehr charakteristisch und unterscheidet Konichalcit von Malachit, Olivenit, Cuproadamin.

Fundort/Maßstab

1 Polk County, Arkansas, USA / 9fach	2 Polk County, Arkansas, USA / 8fach
3 Libethen, CSSR / 3,5fach	
4 Lavrion, Griechenland / 6fach	

1 Bayldonit O$_2$

Härte: 4½.
Dichte: 5,5.
Strichfarbe: grün.
Formel: $PbCu_3[OH/AsO_4]_2$

Farbe: grün bis gelbgrün; Harzglanz. Spaltbarkeit: keine; Bruch uneben. Tenazität: spröde. Kristallform: monoklin; dicktafelig, pseudohexagonale Drillinge, krustig, radialstrahlig, oft als Pseudomorphose nach Mimetesit. Vorkommen: in der Oxidationszone. Begleitmineralien: Mimetesit, Azurit, Duftit.
Ähnliche Mineralien: Malachit ist immer nadelig; Olivenit hat eine andere Kristallform.

2 Chalkosiderit O$_2$

Härte: 4½.
Dichte: 3,22.
Strichfarbe: grün.
Formel: $CuFe_6(PO_4)_4(OH)_8 \cdot 4\ H_2O$

Farbe: dunkelgrün; Glasglanz. Spaltbarkeit: vollkommen; Bruch uneben. Tenazität: spröde. Kristallform: triklin; kurzprismatisch bis dicktafelig, Krusten, derb. Vorkommen: in der Oxidationszone. Begleitmineralien: Malachit, Olivenit.
Ähnliche Mineralien: Olivenit und Libethenit haben eine andere Kristallform.

3 Cornwallit O$_2$

Härte: 4½-5.
Dichte: 4-4,1.
Strichfarbe: grün.
Formel: $Cu_5[(OH)_2/AsO_4]_2$

Farbe: smaragdgrün; Glasglanz. Spaltbarkeit: keine; Bruch muschelig. Tenazität: spröde. Kristallform: monoklin; tafelig, kugelig, radialstrahlig, krustig, nierig, erdig. Vorkommen: in der Oxidationszone. Begleitmineralien: Olivenit, Chlorotil, Klinoklas, Malachit.
Ähnliche Mineralien: Malachit braust im Gegensatz zu Cornwallit beim Betupfen mit Salzsäure; Pseudomalachit ist mit einfachen Mitteln nicht zu unterscheiden, kommt aber nie in Paragenese mit Arsenaten vor.

4 Rockbridgeit O$_2$

Härte: 4½.
Dichte: 3,4.
Strichfarbe: grün bis braun.
Formel: $(Fe,Mn)Fe_4[(OH)_5/(PO_4)_3]$

Farbe: schwarz, schwarzgrün, braun; Glasglanz. Spaltbarkeit: vorhanden, aber praktisch nie erkennbar; Bruch uneben. Tenazität: spröde. Kristallform: orthorhombisch; prismatisch, oft radialstrahlig, krustig, derb. Vorkommen: in Phosphatpegmatiten und Brauneisenlagerstätten. Begleitmineralien: Beraunit, Strengit, Phosphosiderit.
Ähnliche Mineralien: Frondelit ist von braunem Rockbridgeit mit einfachen Mitteln nicht zu unterscheiden.

5 Dioptas O$_2$

Härte: 5.
Dichte: 3,3.
Strichfarbe: grün.
Formel: $Cu_6[Si_6O_{18}] \cdot 6\ H_2O$

Farbe: smaragdgrün; Glasglanz. Spaltbarkeit: nach dem Grundrhomboeder erkennbar; Bruch muschelig. Tenazität: spröde. Kristallform: trigonal; prismatisch. Vorkommen: in der Oxidationszone. Begleitmineralien: Malachit, Azurit, Duftit, Wulfenit, Cerussit.
Ähnliche Mineralien: Malachit hat eine andere Kristallform und braust mit Salzsäure.

Fundort/Maßstab

1 Tsumeb, Namibia 2fach	2 Linkinhorne, Cornwall 8fach
3 Grube Clara, Schwarzwald / 12fach	
4 Auerbach, Oberpfalz 1fach	5 Tsumeb, Namibia 8fach

1 Pumpellyit

Härte: 5½.
Dichte: 3,2.
Strichfarbe: graugrün bis grün.
Formel:
$Ca_2MgAl_2[(OH)_2/SiO_4/Si_2O_7] \cdot H_2O$

Farbe: graugrün, schwarzgrün, dunkelgrün; Glasglanz. Spaltbarkeit: keine; Bruch muschelig bis uneben. Tenazität: spröde. Kristallform: monoklin; selten prismatisch, meist nadelig, radialstrahlig, strahlig. Vorkommen: in metamorphen Gesteinen, Blasenhohlräumen vulkanischer Gesteine, Drusen von Pegmatiten. Begleitmineralien: Epidot, Stilbit, Chabasit, Laumontit, Heulandit.
Ähnliche Mineralien: Epidot ist nicht so nadelig und etwas härter, prismatische Kristalle von Pumpellyit sind aber nur schwer von ihm zu unterscheiden.

2, 3 Aktinolith

Härte: 5½-6.
Dichte: 2,9-3,1.
Strichfarbe: grünlich.
Formel:
$(Ca,Fe)_2(Mg,Fe)_5[OH/Si_4O_{11}]_2$

Farbe: hell- bis dunkelgrün; Glasglanz. Spaltbarkeit: vollkommen, Spaltwinkel etwa 120°; Bruch uneben. Tenazität: spröde. Kristallform: monoklin; stengelig bis nadelig, strahlig bis faserig, haarförmig (Amiant, Byssolith). Vorkommen: in Talk- und Chloritschiefern, Eklogiten, auf alpinen Klüften (hier insbesondere Amiant). Begleitmineralien: Talk, Glimmer, Kalkspat, Epidot.
Ähnliche Mineralien: Pyroxene haben einen anderen Spaltwinkel; Turmalin hat keine Spaltbarkeit.

4 Enstatit

Härte: 5-6.
Dichte: 3,1-3,2.
Strichfarbe: weißlich bis grüngrau.
Formel: $Mg_2[Si_2O_6]$

Farbe: weiß, gelb, grün, bräunlich; Glasglanz. Spaltbarkeit kaum erkennbar; Bruch muschelig. Tenazität: spröde. Kristallform: orthorhombisch; kurzprismatisch, oft spätig, derb. Vorkommen: als Gemengteil in Noriten, Gabbros, Peridotiten, Andesiten, Melaphyren. Begleitmineralien: Talk, Apatit.
Ähnliche Mineralien: Hornblende hat eine andere Spaltbarkeit.

Aegirin
Akmit
(ohne Foto)

Härte: 5-6.
Dichte: 3,5-3,6.
Strichfarbe: grünlich.
Formel: $NaFeSi_2O_6$

Farbe: dunkelgrün bis schwarz. Glasglanz bis Fettglanz. Spaltbarkeit: vollkommen, Spaltwinkel etwa 90°; Bruch uneben. Tenazität: spröde. Kristallform: monoklin; tafelig, prismatisch, nadelig, oft eingewachsen. Vorkommen: in Alkaligesteinen. Begleitmineralien: Zirkon, Titanit, Feldspat.
Ähnliche Mineralien: Hornblende hat eine andere Spaltbarkeit.

Fundort/Maßstab	
1 Herbornseelbach, Hessen / 5fach	
2 Maderanertal, Schweiz / 3fach	
3 Pfitscher Joch, Südtirol 0,5fach	4 Bellerberg, Eifel 20fach

1 Augit

Härte:
Dichte: 3,3–3,5.
Strichfarbe: grünlich.
Formel: $(Ca,Mg,Fe)_2[(Si,Al)_2O_6]$

Farbe: dunkelgrün, schwarz; Glasglanz. Spaltbarkeit: nach dem Prisma deutlich, Spaltwinkel ungefähr 90°; Bruch muschelig. Tenazität: spröde. Kristallform: monoklin; kurz- bis langprismatisch, nadelig, körnig, derb. Vorkommen: in vulkanischen Gesteinen. Begleitmineralien: Biotit, Olivin, Hornblende.
Ähnliche Mineralien: Hornblende hat eine andere Spaltbarkeit und einen mehr sechsseitigen Querschnitt.

2 Hedenbergit

Härte: 6.
Dichte: 3,55.
Strichfarbe: hellbraun bis grünlich.
Formel: $CaFe[Si_2O_6]$

Farbe: dunkelgrün bis schwarz; Glasglanz. Spaltbarkeit: erkennbar, Spaltwinkel ungefähr 90°; Bruch spätig. Tenazität: spröde. Kristallform: monoklin; meist radialstrahlig, stengelig, derb. Vorkommen: in kontaktmetasomatischen Eisenlagerstätten. Begleitmineralien: Magnetit, Pyrit, Haematit, Arsenkies, Ilvait.
Ähnliche Mineralien: Die Paragenese macht Hedenbergit unverwechselbar.

3 Fassait

Härte: 6.
Dichte: 2,9–3,3.
Strichfarbe: grünlich.
Formel: $Ca(Mg,Fe,Al)(Si,Al)_2O_6$

Farbe: grün, schwarz; Glasglanz. Spaltbarkeit: gut; Bruch uneben. Tenazität: spröde. Kristallform: monoklin; prismatisch, derb, körnig. Vorkommen: in kontaktmetamorphen Gesteinen und vulkanischen Auswürflingen. Begleitmineralien: Grossular, Vesuvian.
Ähnliche Mineralien: Grossular, Vesuvian haben eine weiße Strichfarbe.

4, 5 Gadolinit

Härte: 6½.
Dichte: 4,0–4,7.
Strichfarbe: grünlich.
Formel: $Y_2FeBe_2[O/SiO_4]_2$

Farbe: schwarz, undurchsichtig; grün durchsichtig; Pech- bis Glasglanz. Spaltbarkeit: meist nicht erkennbar; Bruch muschelig. Tenazität: spröde. Kristallform: monoklin; derbe Massen eingewachsen (undurchsichtig, Pechglanz), prismatisch, aufgewachsen (durchsichtig, Glasglanz). Vorkommen: in Pegmatiten, auf alpinen Klüften. Begleitmineralien: Synchisit, Aeschynit, Xenotim, Monazit.
Ähnliche Mineralien: Der grüne aufgewachsene Gadolinit ist unverwechselbar; der schwarze eingewachsene unterscheidet sich von anderen schwarzen Mineralien durch die Strichfarbe.

6 Eskolait

Härte: 8½.
Dichte: 5,2.
Strichfarbe: grün.
Formel: Cr_2O_3

Farbe: schwarz; Metallglanz. Spaltbarkeit: keine; Bruch uneben. Tenazität: spröde. Kristallform: hexagonal; prismatisch bis dicktafelig. Vorkommen: in Chromlagerstätten. Begleitmineralien: Uwarowit, Pentlandit, Magnetkies.
Ähnliche Mineralien: die hohe Härte unterscheidet Eskolait vor allen ähnlichen Mineralien.

Fundort/Maßstab	
1 Korretsberg, Eifel 2fach	2 Rio Marina, Elba / 3fach
3 Monzoni, Südtirol 3fach	4 Gasteiner Tal Österreich / 12fach
5 Birkeland, Norwegen 3fach	6 Outokumpu, Finnland 8fach

1 Graphit ⊕ ◐ ✡

Härte: 1.
Dichte: 2,1–2,3.
Strichfarbe: grau, metallisch.
Formel: C

Farbe: dunkel bis hell stahlgrau, undurchsichtig; Metallglanz bis matt. Spaltbarkeit: nach der Basis vollkommen; Bruch blättrig Tenazität: biegsam, milde. Kristallform: hexagonal; tafelig, meist nur eingewachsene Blättchen, dicht, erdig, schuppig. Vorkommen: in kristallinen Schiefern, Marmoren, Pegmatiten. Begleitmineralien: Kalkspat, Wollastonit. Besondere Eigenschaften: schreibt auf Papier.

Ähnliche Mineralien: Molybdänglanz ist härter, sein Strich, mit einer Strichtafel verrieben, grünlich, bei Graphit hingegen grau.

2 Nagyagit ◐

Härte: 1–1½.
Dichte: 7,4–7,6.
Strichfarbe: grauschwarz.
Formel: $Au(Pb, Sb, Fe)_8(Te, S)_{11}$

Farbe: dunkel bleigrau; Metallglanz. Spaltbarkeit: nach der Basis vollkommen; Bruch hakig. Tenazität: Blättchen biegsam. Kristallform: orthorhombisch, pseudotetragonal; tafelig, blättrig. Vorkommen: in subvulkanischen Golderzgängen. Begleitmineralien: Krennerit, Sylvanit, gediegen Gold.

Ähnliche Mineralien: Molybdänglanz hat einen anderen Strich; Graphit schreibt auf Papier und färbt ab.

3, 4 Molybdänglanz ◐ ⊕
Molybdänit

Härte: 1–1½.
Dichte: 4,7–4,8.
Strichfarbe: dunkelgrau.
Formel: MoS_2

Farbe: bleigrau mit Stich ins Violette, undurchsichtig; Metallglanz. Spaltbarkeit: nach der Basis vollkommen. Tenazität: biegsam, milde. Kristallform: hexagonal; selten tafelig, meist eingewachsene Blättchen, schuppig, blättrig, derb. Vorkommen: in Orthoklaspegmatiten, pneumatolytischen Bildungen, Quarzgängen, Granatfelsen. Begleitmineralien: Quarz, Pyrit, Wolframit, Molybdänocker. Besondere Eigenschaften: zeigt eine schmutziggrüne Farbe beim Verreiben mit der Ecke einer Strichtafel.

Ähnliche Mineralien: Der verriebene Strich von Graphit ist mehr metallisch und nicht grün; Haematit hat eine rote, Ilmenit eine schwarze Strichfarbe, beide sind viel härter.

5 Lengenbachit ◐

Härte: 1–2.
Dichte: 5,80–5,85.
Strichfarbe: schwarz mit Stich ins Braune.
Formel: $Pb_{37}Ag_7Cu_6As_{23}S_{78}$

Farbe: bleigrau bis schwarzgrau, oft mit bunten Anlauffarben; Metallglanz. Spaltbarkeit: vollkommen. Tenazität: Blättchen biegsam, dehnbar. Kristallform: triklin; sehr dünne Blättchen, oft gebogen, immer aufgewachsen. Vorkommen: in Drusen im Dolomitmarmor. Begleitmineralien: Bleiglanz, Dolomit, Realgar.

Ähnliche Mineralien: Die blättchenartige Ausbildung und besonders die Biegsamkeit unterscheiden Lengenbachit von allen anderen Sulfiden.

Fundort/Maßstab	
1 Kurunegala, Ceylon 0,75fach	2 Sacaramb, Rumänien 5fach
3 Taewha, Korea / 1,5fach	
4 Knabengrube, Schweden / 3fach	5 Lengenbach, Schweiz 18fach

1 Blei ⬢

Härte: 1½.
Dichte: 11,4.
Strichfarbe: grau.
Formel: Pb

Farbe: bleigrau, oft dunkler angelaufen; matt. Spaltbarkeit: keine; Bruch hakig. Tenazität: milde, schneidbar. Kristallform: kubisch; Würfel und Oktaeder, meist nur Bleche, Körner, drahtförmig. Vorkommen: in metamorphen Manganlagerstätten. Begleitmineralien: Manganophyllit, Braunit, Lithargit.
Ähnliche Mineralien: Bei Beachtung der Paragenese ist Blei unverwechselbar.

2 Tetradymit ⊘

Härte: 1½-2.
Dichte: 7,1-7,5.
Strichfarbe: grau.
Formel: Bi_2Te_2S

Farbe: stahlgrau; Metallglanz. Spaltbarkeit: vollkommen; Bruch uneben. Tenazität: milde. Kristallform: hexagonal; tafelig, blättrig, derb. Vorkommen: in hydrothermalen Gängen. Begleitmineralien: Gold, Quarz, Arsenkies.
Ähnliche Mineralien: Molybdänglanz und Graphit haben eine andere Farbe.

3 Covellin ⊘
Kupferindig

Härte: 1½-2.
Dichte: 4,68.
Strichfarbe: blauschwarz, verrieben dunkelblau.
Formel: CuS

Farbe: blauschwarz; matt. Spaltbarkeit: nach der Basis vollkommen. Tenazität: milde, dünne Blättchen, biegsam. Kristallform: hexagonal; tafelig bis blättrig, meist derb, krustig, Überzüge. Vorkommen: in hydrothermalen Gängen, als Überzug auf Kupfersulfiden. Begleitmineralien: Pyrit, Kupferkies, Kupferglanz, Fahlerz. Besondere Eigenschaften: Farbe wird bei Benetzen mit Wasser violett.
Ähnliche Mineralien: Die blauschwarze Farbe und der Farbwechsel beim Befeuchten verhindern eine Verwechslung mit anderen Mineralien.

4 Polybasit ⊘

Härte: 1½-2.
Dichte: 6,0-6,2.
Strichfarbe: schwarz bis rötlich.
Formel: $(Ag, Cu)_{16}Sb_2S_{11}$

Farbe: eisenschwarz, an den Ecken rot durchscheinend; Metallglanz. Spaltbarkeit: nach der Basis vollkommen; Bruch uneben. Tenazität: milde. Kristallform monoklin; pseudohexagonal; sechsseitige Tafeln mit Dreiecksstreifung, derb. Vorkommen: in Silbererzgängen. Begleitmineralien: Argentit, gediegen Silber, Pyrargyrit, Stephanit.
Ähnliche Mineralien: Stephanit ist etwas härter und zeigt keine Dreiecksstreifung.

5 Pearceit ⊘

Härte: 1½-2.
Dichte: 6,13.
Strichfarbe: schwarz.
Formel: $Ag_{16}As_2S_{11}$

Farbe: schwarz; Metallglanz. Spaltbarkeit: keine; Bruch muschelig. Tenazität: spröde. Kristallform: monoklin; tafelig, derb. Vorkommen: in hydrothermalen Gängen. Begleitmineralien: Argentit, Fluorit, Baryt.
Ähnliche Mineralien: Polybasit läßt sich mit einfachen Mitteln von Pearceit nicht unterscheiden, Stephanit ist härter, Argentit hat eine andere Kristallform.

Fundort/Maßstab	
1 Långban, Schweden 8fach	2 Wurtenkees, Kärnten 15fach
3 Butte, Montana, USA / 8fach	
4 St. Joachimsthal, CSSR 12fach	5 Seikoshi, Shizuoka, Japan / 8fach

1 Sylvanit ⊘
Schrifterz

Härte: 1½–2.
Dichte: 8,0–8,3.
Strichfarbe: grau.
Formel: AgAuTe$_4$

Farbe: silbergrau, weißlich, oft dunkler angelaufen; Metallglanz. Spaltbarkeit: vollkommen; Bruch uneben. Tenazität: milde. Kristallform: monoklin; prismatisch bis tafelig, oft gestreift, selten derb. Vorkommen: in hydrothermalen Gängen. Begleitmineralien: Nagyagit, Krennerit, Calaverit.

Ähnliche Mineralien: Tetradymit hat eine andere Kristallform.

2, 3 Antimonit ⊘
Antimonglanz

Härte: 2.
Dichte: 4,6–4,7.
Strichfarbe: dunkelgrau.
Formel: Sb$_2$S$_3$

Farbe: bleigrau, undurchsichtig; Metallglanz. Spaltbarkeit: sehr vollkommen. Tenazität: dünne Blättchen biegsam, milde. Kristallform: orthorhombisch; prismatisch bis nadelig, meist aufgewachsen, häufig verbogen, stengelig, radialstrahlig, körnig, derb, dicht. Vorkommen: in hydrothermalen, insbesondere Antimonit-Quarz-Gängen, seltener neben anderen Sulfiden auf Blei- und Silbererzgängen, selten metasomatisch in Kalksteinen. Begleitmineralien: Gold, Arsenkies, Zinnober, Realgar, Quarz.

Ähnliche Mineralien: Bismuthinit ist viel schwerer und mehr gelblichweiß.

4 Emplektit ⊘
Härte: 2.
Dichte: 6,38.
Strichfarbe: schwarz.
Formel: CuBiS$_2$

Farbe: stahlgrau, gelb anlaufend. Metallglanz. Spaltbarkeit: manchmal sichtbar; Bruch uneben. Tenazität: milde. Kristallform: orthorhombisch; nadelig bis prismatisch, längsgestreift, strahlig, derb, eingewachsen. Vorkommen: in hydrothermalen Gängen, insbesondere der Wismut-Kobalt-Nickel-Formation. Begleitmineralien: Wittichenit, Skutterudit, Baryt, Quarz.

Ähnliche Mineralien: Emplektit von anderen Sulfosalzen zu unterscheiden, ist mit einfachen Mitteln meist nicht möglich; Wittichenit ist etwas schwärzer und hat keine Spaltbarkeit.

5 Bismuthinit ⊘
Wismutglanz

Härte: 2.
Dichte: 6,8–7,2.
Strichfarbe: grau.
Formel: Bi$_2$S$_3$

Farbe: bleigrau bis gelblichweiß, undurchsichtig; Metallglanz. Spaltbarkeit: sehr vollkommen. Tenazität: dünne Kristalle biegsam, milde. Kristallform: orthorhombisch; prismatisch bis nadelig, aufgewachsen, oft eingewachsen, stengelig, strahlig, derb. Vorkommen: in Gängen der Zinn- und Silber-Kobalt-Formation, seltener in Kontaktlagerstätten und Pegmatiten. Begleitmineralien: Gold, Wismut, Kupferkies, Arsenkies, Pyrit, Zinnstein.

Ähnliche Mineralien: Antimonit ist viel leichter und etwas grauer.

Fundort/Maßstab	
1 Baia de Arieş, Rumänien / 8fach	2 Stoliče, Jugoslawien 2,5fach
3 Pereta, Toskana, Italien / 10fach	
4 Mackenheim, Odenwald / 5fach	5 Grube Käfersteige, Pforzheim / 6fach

1, 2 Silberglanz ⊘
Argentit, Akanthit

Härte: 2.
Dichte: 7,3.
Strichfarbe: schwarz, glänzend.
Formel: Ag₂S

Farbe: bleigrau; Metallglanz, bald matt angelaufen. Spaltbarkeit: meist undeutlich; Bruch muschelig. Tenazität: geschmeidig, schneidbar. Kristallform: über 179 °C kubisch, darunter monoklin; würfelig, oktaedrisch, nadelig, lanzettförmig, derb, skelettförmig, dendritisch. Vorkommen: in hydrothermalen Silbererzgängen. Begleitmineralien: Silber, Pyrargyrit.
Ähnliche Mineralien: Bleiglanz ist nicht geschmeidig.

3 Wismut ⊘

Härte: 2–2½.
Dichte: 9,7–9,8.
Strichfarbe: bleigrau, metallisch.
Formel: Bi

Farbe: silberweiß mit Stich ins Rötliche, oft dunkler angelaufen; Metallglanz. Spaltbarkeit: vollkommen, auf den Spaltflächen oft gestreift; Bruch hakig bis uneben. Tenazität: spröde, aber schneidbar. Kristallform: trigonal; Kristalle selten, derb, blättrig, gestrickt. Vorkommen: in Pegmatiten, Zinnerzgängen, hydrothermalen Gängen. Begleitmineralien: Wismutglanz, Zinnstein, Chloantit.
Ähnliche Mineralien: Die geringe Härte, die Farbe und Streifung auf den Spaltflächen machen Wismut unverwechselbar.

4 Jamesonit ⊘
Federerz

Härte: 2½.
Dichte: 5,63.
Strichfarbe: schwarzgrau.
Formel: Pb₄FeSb₆S₁₄

Farbe: bleigrau. Metallglanz. Spaltbarkeit: fast nie erkennbar. Tenazität: spröde. Kristallform: monoklin; nadelig bis haarförmig, büschelig. Vorkommen: in hydrothermalen Erzgängen. Begleitmineralien: Zinkblende, Arsenkies.
Ähnliche Mineralien: Jamesonit von Boulangerit zu unterscheiden, ist mit einfachen Mitteln meist nicht möglich.

5 Argyrodit ⊘

Härte: 2½.
Dichte: 6,2–6,3.
Strichfarbe: grauschwarz.
Formel: Ag₈GeS₆

Farbe: stahlgrau mit rötlichem Ton, oft schwarz angelaufen; Metallglanz. Spaltbarkeit: keine; Bruch muschelig. Tenazität: spröde. Kristallform: kubisch; Oktaeder, Rhombendodekaeder, nierige Krusten. Vorkommen: in hydrothermalen Gängen. Begleitmineralien: Argentit, Pyrit.
Ähnliche Mineralien: Argentit ist nicht spröde.

6 Kylindrit ⊘

Härte: 2½.
Dichte: 5,4.
Strichfarbe: grauschwarz.
Formel: Pb₃Sn₄Sb₂S₁₄

Farbe: schwarzgrau; Metallglanz. Spaltbarkeit: keine; Bruch muschelig bis uneben. Tenazität: spröde. Kristallform: unsicher; röhrchenförmige Individuen. Vorkommen: in Zinnerzlagerstätten. Begleitmineralien: Franckeit, Teallit.
Ähnliche Mineralien: Die typische Ausbildung von Kylindrit läßt keine Verwechslungen zu.

Fundort/Maßstab

1 Freiberg, Sachsen 2fach	2 Freiberg, Sachsen 6fach
3 Schneeberg, Sachsen 10fach	4 Baja California, Mexiko 7fach
5 Freiberg, Sachsen 3fach	6 Poopó, Bolivien / 5fach

1 Calaverit ⊘

Härte: 2½.
Dichte: 9,3.
Strichfarbe: gelbgrau.
Formel: $AuTe_2$

Farbe: silberweiß mit Stich ins Gelbe; Metallglanz. Spaltbarkeit: keine; Bruch muschelig. Tenazität: spröde bis milde. Kristallform: monoklin; prismatisch, längsgestreift, sehr flächenreich, oft derb. Vorkommen: in hydrothermalen Gängen. Begleitmineralien: Nagyagit, Sylvanit, Krennerit.
Ähnliche Mineralien: Sylvanit unterscheidet sich von Calaverit durch die gute Spaltbarkeit.

2 Boulangerit ⊘
Plumosit
Härte: 2½.
Dichte: 5,8–6,2.
Strichfarbe: schwarz.
Formel: $Pb_5Sb_4S_{11}$

Farbe: bleigrau; Metallglanz, in sehr feinen Aggregaten Seidenglanz. Spaltbarkeit: keine; Bruch uneben. Tenazität: spröde. Kristallform: monoklin; nadelig, bis haarförmig, strahlig, feinkörnig, faserig, dicht. Vorkommen: auf Bleilagerstätten. Begleitmineralien: Zinkblende, Bleiglanz, Arsenkies, Magnetkies.
Ähnliche Mineralien: Jamesonit läßt sich von Boulangerit mit einfachen Mitteln meist nicht unterscheiden.

3 Stephanit ⊘

Härte: 2½.
Dichte: 6,2–6,3.
Strichfarbe: glänzend schwarz.
Formel: Ag_5SbS_4

Farbe: bleigrau, eisenschwarz, oft schwarz angelaufen; Metallglanz, angelaufen matt. Spaltbarkeit: kaum erkennbar; Bruch muschelig bis uneben. Tenazität: milde. Kristallform: orthorhombisch; durch Verzwilligung pseudohexagonal, prismatisch dicktafelig, rosettenförmig, selten derb. Vorkommen: in Silbererzgängen. Begleitmineralien: Argentit, Polybasit, Pyrargyrit.
Ähnliche Mineralien: Polybasit ist etwas weicher, seine Kristalle zeigen fast immer charakteristische Dreiecksstreifung; Argentit hat eine andere Spaltbarkeit.

4 Gratonit ⊘

Härte: 2½.
Dichte: 6,22.
Strichfarbe: schwarz.
Formel: $Pb_9As_4S_{15}$

Farbe: dunkel bleigrau; Metallglanz. Spaltbarkeit: keine; Bruch muschelig. Tenazität: spröde. Kristallform: trigonal; prismatisch, derb. Vorkommen: in hydrothermalen Lagerstätten. Begleitmineralien: Jordanit, Cerussit, Pyrit, Enargit.
Ähnliche Mineralien: Die charakteristische Kristallform macht Gratonit unverwechselbar.

5 Hessit ⊘

Härte: 2–3.
Dichte: 8,2–8,4.
Strichfarbe: grau.
Formel: Ag_2Te

Farbe: bleigrau; Metallglanz. Spaltbarkeit: nicht erkennbar. Bruch uneben. Tenazität: schneidbar. Kristallform: monoklin; pseudokubisch, prismatisch, derb, feinkörnig. Vorkommen: in hydrothermalen Lagerstätten. Begleitmineralien: Gold, Tellur.
Ähnliche Mineralien: Argentit ist von dem viel selteneren Hessit schwer unterscheidbar.

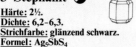

Fundort/Maßstab

1 Cripple Creek, Colorado, USA / 8fach	2 Trepča, Jugoslawien 6fach
3 St. Andreasberg, Harz / 6fach	
4 Cerro del Pasco, Peru 6fach	5 Boteş, Rumänien 4fach

1 Krennerit ⊘

Härte: 2–3.
Dichte: 8,63.
Strichfarbe: grau.
Formel: $AuTe_2$

Farbe: silberweiß, oft leicht gelblich angelaufen; Metallglanz. Spaltbarkeit: vollkommen; Bruch uneben. Tenazität: spröde. Kristallform: orthorhombisch; kurzprismatisch, gestreift, derb. Vorkommen: in Goldlagerstätten. Begleitmineralien: Sylvanit, Nagyagit.

Ähnliche Mineralien: Pyrit ist viel härter, Calaverit hat keine Spaltbarkeit.

2, 3 Bleiglanz ⊗

Galenit

Härte: 2½–3.
Dichte: 7,2–7,6.
Strichfarbe: grauschwarz.
Formel: PbS

Farbe: bleigrau; starker Metallglanz, oft matt und blau angelaufen. Spaltbarkeit: sehr vollkommen nach dem Würfel. Tenazität: milde. Kristallform: kubisch; oft derb, manchmal aufgewachsen, meist Würfel, Oktaeder oder Kombinationen beider. Vorkommen: in Pegmatiten, in hydrothermalen Gängen hoher bis niedriger Temperatur, als Verdrängung in Kalken, in sedimentären und daraus entstandenen metamorphen Sulfidlagerstätten. Begleitmineralien: Zinkblende, Kupferkies, Pyrit, Schwerspat, Silbersulfide.

Ähnliche Mineralien: Bei Beachtung von Farbe, Glanz, vollkommener Spaltbarkeit ist Bleiglanz kaum zu verwechseln; Silberglanz ist viel weicher und schneidbar.

4 Kupferglanz ⊘

Chalkosin

Härte: 2½–3.
Dichte: 5,7–5,8.
Strichfarbe: schwärzlich bis dunkelgrau, glänzend.
Formel: Cu_2S

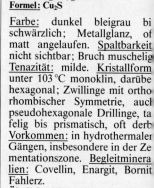

Farbe: dunkel bleigrau bis schwärzlich; Metallglanz, oft matt angelaufen. Spaltbarkeit nicht sichtbar; Bruch muschelig. Tenazität: milde. Kristallform unter 103 °C monoklin, darüber hexagonal; Zwillinge mit orthorhombischer Symmetrie, auch pseudohexagonale Drillinge, tafelig bis prismatisch, oft derb. Vorkommen: in hydrothermalen Gängen, insbesondere in der Zementationszone. Begleitmineralien: Covellin, Enargit, Bornit, Fahlerz.

Ähnliche Mineralien: Die Tenazität unterscheidet Kupferglanz von anderen Sulfiden; Digenit ist etwas bläulicher, aber oft schwer zu unterscheiden.

5 Semseyit ⊘

Härte: 2½.
Dichte: 6,1.
Strichfarbe: schwarz.
Formel: $Pb_9Sb_8S_{21}$

Farbe: stahlgrau; Metallglanz. Spaltbarkeit: vollkommen; Bruch uneben. Tenazität: spröde. Kristallform: monoklin; tafelig, oft zu verdrehten Gruppen parallelverwachsen. Vorkommen: in hydrothermalen Lagerstätten. Begleitmineralien: Pyrit, Antimonit.

Ähnliche Mineralien: Die charakteristische Aggregatform von Semseyit ist unverkennbar.

Fundort/Maßstab	
1 Sacaramb, Rumänien 1,5fach	2 Neudorf, Harz / 2fach
3 San Cristobal, Peru / 3fach	
4 Cooks Kitchen Mine, Cornwall / 6fach	5 Cavnic, Rumänien 3fach

1 Bournonit
Rädelerz

Härte: 2½-3.
Dichte: 5,7-5,9.
Strichfarbe: grau.
Formel: $PbCuSbS_3$

Farbe: stahlgrau, bleigrau, eisenschwarz; Metallglanz, oft matt angelaufen. Spaltbarkeit: kaum sichtbar; Bruch muschelig. Tenazität: spröde bis leicht milde. Kristallform: orthorhombisch; dicktafelig, häufig Zwillinge, die an Zahnräder erinnern (Rädelerz), oft derb. Vorkommen: in hydrothermalen Gängen. Begleitmineralien: Siderit, Bleiglanz, Zinkblende.
Ähnliche Mineralien: Fahlerz hat eine andere Kristallform und ist in derben Aggregaten von Bournonit nicht immer einfach zu unterscheiden.

2 Andorit

Härte: 3-3½.
Dichte: 5,38.
Strichfarbe: schwarz.
Formel: $AgPbSb_3S_6$

Farbe: dunkel stahlgrau; Metallglanz. Spaltbarkeit: keine; Bruch muschelig. Tenazität: spröde. Kristallform: orthorhombisch; prismatisch, dicktafelig, entlang der c-Achse gestreift. Vorkommen: in hydrothermalen Gängen. Begleitmineralien: Antimonit, Zinnstein.
Ähnliche Mineralien: Die typische Kristallform und Streifung von Andorit sind charakteristisch.

3 Lautit

Härte: 3-3½.
Dichte: 4,9.
Strichfarbe: schwarz.
Formel: $CuAsS$

Farbe: dunkel stahlgrau mit leicht rötlichem Ton; Metallglanz. Spaltbarkeit: vollkommen; Bruch uneben. Tenazität: spröde. Kristallform: orthorhombisch; prismatisch, tafelig gestreift, derb. Vorkommen: in hydrothermalen Gängen. Begleitmineralien: Arsen, Proustit, Pyrargyrit.
Ähnliche Mineralien: Spaltbarkeit und Farbe unterscheiden Lautit von ähnlichen Mineralien.

4 Bornit
Buntkupferkies

Härte: 3.
Dichte: 4,9-5,3.
Strichfarbe: grauschwarz.
Formel: Cu_5FeS_4

Farbe: im frischen Bruch rötlichsilbergrau mit Stich ins Violette schon nach wenigen Stunden bunt angelaufen; Metallglanz. Spaltbarkeit: kaum sichtbar. Bruch muschelig. Tenazität: milde. Kristallform: über 228 °C kubisch, darunter trigonal-pseudokubisch; sehr selten würfelig, meist derb, eingewachsen. Vorkommen: in Pegmatiten, hydrothermalen Gängen, besonders auch in der Zementationszone, in alpinen Klüften. Begleitmineralien: Kupferglanz, Kupferkies, Magnetit, Gold.
Ähnliche Mineralien: Die typischen Anlauffarben unterscheiden Bornit von fast allen anderen Sulfiden; angelaufener Kupferkies ist im frischen Bruch gelb.

Fundort/Maßstab

1 Horhausen, Siegerland / 10fach	
2 Poopó, Bolivien 10fach	**3** Mackenheim, Odenwald / 4fach
4 Bou Skour, Marokko / 8fach	

1 Jordanit ⊘

<u>Härte:</u> 3.
<u>Dichte:</u> 6,4.
<u>Strichfarbe:</u> schwarz.
<u>Formel:</u> $Pb_4As_2S_7$

<u>Farbe:</u> dunkel bleigrau; Metallglanz. <u>Spaltbarkeit:</u> vollkommen; Bruch uneben. <u>Tenazität:</u> spröde bis milde. <u>Kristallform:</u> monoklin; tafelig, oft flächenreich, durch Zwillingsbildung oft stark gestreift, derb, kugelige, schalige Massen. <u>Vorkommen:</u> in arsenreichen Blei-Zinklagerstätten. <u>Begleitmineralien:</u> Zinkblende (insbesondere Schalenblende), Bleiglanz, Sartorit, Baumhauerit, Realgar.
Ähnliche Mineralien: Gratonit hat eine andere Kristallform; Bleiglanz besitzt eine vollkommene Spaltbarkeit nach dem Würfel; Bournonit hat eine andere Kristallform und einen etwas helleren Strich; Jordanit von Geokronit zu unterscheiden, ist mit einfachen Mitteln meist nicht möglich, die Paragenese gibt jedoch Hinweise.

2 Dyskrasit ⊘

<u>Härte:</u> 3½.
<u>Dichte:</u> 9,4-10.
<u>Strichfarbe:</u> grau.
<u>Formel:</u> Ag_3Sb

<u>Farbe:</u> silberweiß, meist dunkel angelaufen; Metallglanz. <u>Spaltbarkeit:</u> meist schwer erkennbar; Bruch hakig. <u>Tenazität:</u> milde, schneidbar. <u>Kristallform:</u> orthorhombisch, prismatisch, längsgestreift, schlecht ausgebildet, derb. <u>Vorkommen:</u> in hydrothermalen Silberlagerstätten. <u>Begleitmineralien:</u> gediegen Silber und andere Silbermineralien.
Ähnliche Mineralien: Silberglanz ist weicher, Silber läuft nicht an.

3, 4 Tennantit ⊘
Arsenfahlerz

<u>Härte:</u> 3-4.
<u>Dichte:</u> 4,6-5,2.
<u>Strichfarbe:</u> schwarz,
beim Verreiben bräunlichrot.
<u>Formel:</u> $Cu_3AsS_{3,25}$

<u>Farbe:</u> stahlgrau, in dünnster Splittern rötlich durchscheinend; Metallglanz, oft matt. <u>Spaltbarkeit:</u> keine; Bruch muschelig. <u>Tenazität:</u> spröde. <u>Kristallform:</u> kubisch; tetraedrisch manchmal durch Flächenreichtum fast kugelig (Binnit), körnig derb. <u>Vorkommen:</u> in hydrothermalen Gängen. <u>Begleitmineralien:</u> Pyrit, Kupferkies, Arsenkies, Enargit, Bleiglanz, Zinkblende.
Ähnliche Mineralien: Arsenkies ist härter; Bleiglanz hat eine ausgezeichnete Spaltbarkeit; Tetraedrit ist etwas heller und hat keinen beim Verreiben rötlichbraunen Strich, läßt sich aber mit einfachen Mitteln oft nur schwer von Tennanit unterscheiden. Enargit hat eine vollkommene Spaltbarkeit.

5 Antimon ⊘

<u>Härte:</u> 3-3½.
<u>Dichte:</u> 6,7.
<u>Strichfarbe:</u> grau.
<u>Formel:</u> Sb

<u>Farbe:</u> silberweiß; Metallglanz. <u>Spaltbarkeit:</u> vollkommen; Bruch uneben. <u>Tenazität:</u> spröde. <u>Kristallform:</u> trigonal; würfelähnlich bis dicktafelig, spätig, derb. <u>Vorkommen:</u> in hydrothermalen Gängen. <u>Begleitmineralien:</u> Antimonit, Cervantit.
Ähnliche Mineralien: Antimonit ist nicht spröde.

Fundort/Maßstab

1 Lengenbach, Schweiz 5fach	2 Grube Wenzel, Schwarzwald / 3fach
3 Lengenbach, Schweiz / 70fach	
4 Mackenheim, Odenwald / 5fach	5 Sonora, Mexiko 10fach

1 Millerit ⊘
Haarkies
Härte: 3½.
Dichte: 5,3.
Strichfarbe: grünlich-schwarz.
Formel: NiS

Farbe: messinggelb; Metallglanz. Spaltbarkeit: vollkommen, aber wegen der Ausbildung fast nie erkennbar. Tenazität: spröde. Kristallform: trigonal; nadelig, meist haarförmig, sehr selten derb. Vorkommen: in Nickellagerstätten, hier aus anderen Nickelerzen entstanden. Begleitmineralien: Gersdorffit, Bravoit, Kalkspat.

Ähnliche Mineralien: Die typische Ausbildung und die Farbe von Millerit schließen eine Verwechslung aus.

2, 3 Kupferkies ⊘

Chalkopyrit
Härte: 3½–4.
Dichte: 4,2–4,3.
Strichfarbe: grünlichschwarz.
Formel: CuFeS$_2$

Farbe: messinggelb mit grünlichem Strich, oft bunt angelaufen; Metallglanz. Spaltbarkeit: kaum erkennbar; Bruch muschelig. Tenazität: spröde. Kristallform: tetragonal; tetraeder- und oktaederähnlich, meist derb. Vorkommen: in Graniten und Gabbros, in Pegmatiten und Zinnerzgängen, in hydrothermalen Gängen und Schwarzschiefern. Begleitmineralien: Pyrit, Zinkblende, Magnetkies, Fahlerz, Flußspat, Kalkspat, Schwerspat, Dolomit, Quarz.

Ähnliche Mineralien: Pyrit ist härter; Magnetkies hat mehr braune Farbe; Gold ist weicher und schneidbar.

4 Enargit ⊘
Härte: 3½.
Dichte: 4,4.
Strichfarbe: schwarz.
Formel: Cu$_3$AsS$_4$

Farbe: stahlgrau bis eisenschwarz mit Stich ins Violette Metallglanz. Spaltbarkeit: vollkommen nach dem Prisma Bruch uneben. Tenazität: spröde. Kristallform: orthorhombisch, pseudohexagonal; prismatisch, oft längsgestreift, auch sternförmige Drillinge, oft strahlig, körnig, derb. Vorkommen: in arsenreichen Kupfererzgängen Begleitmineralien: Tennantit Kupferglanz.

Ähnliche Mineralien: Arsenkies ist härter; Fahlerz hat eine andere Kristallform und keine Spaltbarkeit.

5 Cubanit ⊘
Härte: 3½–4.
Dichte: 4,10.
Strichfarbe: schwarz.
Formel: CuFe$_2$S$_3$

Farbe: bronzegelb; Metallglanz Spaltbarkeit: meist nicht erkennbar; Bruch muschelig. Tenazität spröde. Kristallform: orthorhombisch; prismatisch, längsgestreift, meist aber derb. Vorkommen: lamellar mit Kupferkies verwachsen in fast allen höher temperierten Kupferlagerstätten Begleitmineralien: Kupferkies Magnetkies, Siderit.

Ähnliche Mineralien: Die feinen Verwachsungen mit Kupferkies sind mit einfachen Mitteln nicht unterscheidbar; Cubanitkristalle unterscheiden sich von gestreckten Pyritkristallen durch die dunklere Farbe und Längsstreifung.

Fundort/Maßstab

1 Ramsbeck, Sauerland 4fach	2 Dreislar, Sauerland 1fach
3 Huanzalá, Peru / 3fach	
4 Cerro de Pasco, Peru 4fach	5 Morro Velho, Brasilien 15fach

1 Tetraedrit ⊘

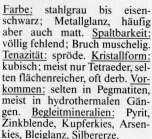

Härte: 3-4.
Dichte: 4,6-5,2.
Strichfarbe: schwarz.
Formel: $Cu_3SbS_{3,25}$

Farbe: stahlgrau bis eisenschwarz; Metallglanz, häufig aber auch matt. Spaltbarkeit: völlig fehlend; Bruch muschelig. Tenazität: spröde. Kristallform: kubisch; meist nur Tetraeder, selten flächenreicher, oft derb. Vorkommen: selten in Pegmatiten, meist in hydrothermalen Gängen. Begleitmineralien: Pyrit, Zinkblende, Kupferkies, Arsenkies, Bleiglanz, Silbererze.
Ähnliche Mineralien: Zinkblende und Bleiglanz unterscheiden sich von Tetraedrit durch ihre Spaltbarkeit; Kupferkies hat eine andere Farbe.

2 Moschellandsbergit ⊘

Härte: 3½.
Dichte: 13,7.
Strichfarbe: grau.
Formel: Ag_2Hg_3

Farbe: silberweiß; Metallglanz. Spaltbarkeit: nicht erkennbar; Bruch muschelig. Tenazität: spröde. Kristallform: kubisch; Rhombendodekaeder, kugelig. Vorkommen: in Quecksilberlagerstätten. Begleitmineralien: Quecksilber, Kalomel.
Ähnliche Mineralien: Argentit ist nicht spröde.

3 Schneiderhöhnit O₂

Härte: 3.
Dichte: 4,3.
Strichfarbe: schwarz.
Formel: $Fe_8As_{10}O_{23}$

Farbe: schwarz; Metallglanz. Spaltbarkeit: vollkommen; Bruch spätig. Tenazität: spröde. Kristallform: triklin; dicktafelig. Vorkommen: in hydrothermalen Lagerstätten. Begleitmineralien: Stottit, Skorodit.
Ähnliche Mineralien: Die vollkommene Spaltbarkeit unterscheidet Schneiderhöhnit von ähnlichen Mineralien.

4 Arsen ⊘
Scherbenkobalt

Härte: 3-4.
Dichte: 5,4-5,9.
Strichfarbe: schwarz.
Formel: As

Farbe: schwarz bis schwarzgrau; frisch Metallglanz, schnell angelaufen matt. Spaltbarkeit: nicht sichtbar; Bruch uneben. Tenazität: spröde. Kristallform: trigonal; selten würfelähnlich bis nadelig, meist schalig, kugelig, glaskopfartig, strahlig, dicht. Vorkommen: in arsenführenden Silber- und Kobalterzgängen. Begleitmineralien: gediegen Silber, Polybasit, Safflorit, Dyskrasit.
Ähnliche Mineralien: Nieriger Pyrit und Markasit sind härter; Goethit hat eine andere Strichfarbe.

5 Friedrichit ⊘

Härte: 3-3½.
Dichte: 7,06.
Strichfarbe: grau.
Formel: $Pb_{10}Cu_{10}Bi_{14}S_{36}$

Farbe: stahlgrau; Metallglanz. Spaltbarkeit: nicht erkennbar; Bruch uneben. Tenazität: spröde. Kristallform: orthorhombisch; längsgestreifte Prismen, strahlig, derb. Vorkommen: in hydrothermalen Lagerstätten. Begleitmineralien: Quarz, Covellin, Bleiglanz.
Ähnliche Mineralien: Antimonit und Wismutglanz sind nicht spröde.

Fundort/Maßstab	
1 Horhausen, Siegerland / 5fach	
2 Moschellandsberg, Pfalz / 10fach	3 Tsumeb, Namibia 8fach
4 St. Joachimsthal, CSSR 1fach	5 Habachtal, Österreich 3fach

1 Linneit ⬤

Härte: 4½–5½.
Dichte: 4,8–5,8.
Strichfarbe: schwarzgrau.
Formel: Co_3S_4

Farbe: silberweiß bis stahlgrau; Metallglanz. Spaltbarkeit: erkennbar; Bruch muschelig. Tenazität: spröde. Kristallform: kubisch; meist Oktaeder, derb. Vorkommen: in hydrothermalen Gängen und Verdrängungen. Begleitmineralien: Siderit, Kobaltglanz.

Ähnliche Mineralien: Skutterudit und Kobaltglanz sind mit einfachen Mitteln von Linneit nicht leicht zu unterscheiden.

2, 3 Magnetkies ⬤ 🌐 🌀
Pyrrhotin

Härte: 4.
Dichte: 4,6.
Strichfarbe: grauschwarz.
Formel: FeS

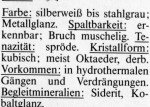

Farbe: bronzefarben mit Stich ins Braune (tombakfarben); Metallglanz. Spaltbarkeit: selten sichtbar; Bruch uneben. Tenazität: spröde. Kristallform: hexagonal; selten prismatisch, fast immer derb. Vorkommen: in hydrothermalen Gängen metamorphen Kieslagerstätten. Begleitmineralien: Pyrit, Pentlandit, Zinkblende, Kupferkies.

Ähnliche Mineralien: Pyrit und Kupferkies sind viel gelber, Pyrit ist zudem härter; Zinkblende hat eine vollkommene Spaltbarkeit.

4 Siegenit ⬤

Härte: 4½–5½.
Dichte: 4,5–4,8.
Strichfarbe: grau.
Formel: $(Co,Ni)_3S_4$

Farbe: stahlgrau, oft bräunlich angelaufen; Metallglanz. Spaltbarkeit: nicht erkennbar; Bruch uneben. Tenazität: spröde. Kristallform: kubisch; Oktaeder, oft traubig verwachsen. Vorkommen: in hydrothermalen Lagerstätten. Begleitmineralien: Kupferkies, Pyrit.

Ähnliche Mineralien: Die bräunliche Anlauffarbe ist charakteristisch für dieses Mineral.

5 Tenorit O_2
Kupferschwärze

Härte: 3–4. **Dichte:** 6,0.
Strichfarbe: schwarz.
Formel: CuO

Farbe: schwarz; Glas- bis Metallglanz, aber meist matt. Spaltbarkeit: nicht feststellbar. Tenazität: biegsam. Kristallform: monoklin; selten tafelig, erdige Krusten. Vorkommen: an Austrittsstellen vulkanischer Gase, auf Kupferlagerstätten. Begleitmineralien: Cuprit, Kupfererze.

Ähnliche Mineralien: Tenorit ist von anderen erdigen, schwarzen Mineralien mit einfachen Mitteln nicht unterscheidbar.

Pentlandit 🌐
(ohne Foto)

Härte: 3½–4.
Dichte: 4,6–5,0.
Strichfarbe: schwarz.
Formel: $(Ni,Fe)_9S_8$

Farbe: gelblich mit Stich ins Braune; Metallglanz. Spaltbarkeit: manchmal erkennbar; Bruch muschelig. Tenazität: spröde. Kristallform: kubisch; Kristalle äußerst selten, meist derb, eingewachsen. Vorkommen: in basischen Gesteinen. Begleitmineralien: Magnetkies, Kupferkies, Pyrit.

Ähnliche Mineralien: Pyrit ist härter; Magnetkies dunkler.

Fundort/Maßstab

1 Müsen, Siegerland 11fach	2 Trepča, Jugoslawien 1,5fach
3 Obergestelen, Wallis, Schweiz / 5fach	
4 Sweetwater County, USA / 12fach	5 Sattelberg, Eifel 20fach

1, 2 Eisen ⬢ ✱

Härte: 4-5.
Dichte: 7,88.
Strichfarbe: stahlgrau, glänzend.
Formel: Fe, meteoritisches Eisen, nickelreich

Farbe: stahlgrau bis eisenschwarz; Metallglanz. Spaltbarkeit: keine; Bruch hakig. Tenazität: dehnbar. Kristallform: kubisch; Schüppchen, Tröpfchen, unregelmäßige Massen. Vorkommen: in Basalten und Meteoriten. Begleitmineral: Wüstit.

Ähnliche Mineralien: Paragenese und Tenazität von Eisen verhindern Verwechslungen.

3 Platin ⊘ ✚

Härte: 4-4½.
Dichte: 21,4.
Strichfarbe: grau.
Formel: Pt

Farbe: silbergrau; Metallglanz. Spaltbarkeit: keine; Bruch hakig. Tenazität: dehnbar, hämmerbar. Kristallform: kubisch; würfelig, abgerollte, runde Nuggets. Vorkommen: in Seifen und Quarzgängen. Begleitmineralien: Gold, Chromit.

Ähnliche Mineralien: Silber ist viel weicher; Eisen magnetisch.

4 Hollandit ✪

Härte: 6.
Dichte: 4,95.
Strichfarbe: schwarz.
Formel: $Ba(Mn,Fe)_8O_{16}$

Farbe: schwarz, schwarzbraun; Metallglanz bis matt. Spaltbarkeit: schlecht; Bruch uneben. Tenazität: spröde. Kristallform: monoklin; prismatisch, faserig, nierig, derb. Vorkommen: in Manganlagerstätten. Begleitmineralien: weitere Manganoxide.

Ähnliche Mineralien: Psilomelan ist mit einfachen Mitteln von Hollandit nicht zu unterscheiden.

5 Safflorit ⊘

Härte: 4½-5½.
Dichte: 6,9-7,3.
Strichfarbe: schwarz.
Formel: $CoAs_2$

Farbe: zinnweiß, an Luft bald dunkler werdend; Metallglanz. Spaltbarkeit: kaum sichtbar; Bruch muschelig. Tenazität: spröde. Kristallform: monoklin; sehr klein, tafelig, meist zu sternförmigen Drillingen verwachsen, derb. Vorkommen: in hydrothermalen Kobalt-Nickel-Silber-Gängen. Begleitmineralien: gediegen Arsen, Kalkspat, Kobaltblüte. Besondere Eigenschaften: riecht beim Zerreiben nach Arsen.

Ähnliche Mineralien: Arsenkies ist härter; Rammelsbergit bildet keine sternförmigen Drillinge; Chloantit, Skutterudit haben eine andere Kristallform; die letzten drei sind in derben Aggregaten nur schwer von Safflorit zu unterscheiden.

Fundort/Maßstab

1 Disko, Grönland 0,5fach	2 Cañon Diablo, USA 1,5fach
3 Ural, UdSSR / 1,5fach	
4 Ultevis, Norwegen 4fach	5 St. Andreasberg, Harz 15fach

1 Ludwigit ⊕

Härte: 5.
Dichte: 3,7–4,2.
Strichfarbe: blaugrün bis schwarz.
Formel: $(Mg,Fe)_2Fe[O_2/BO_3]$

Farbe: schwarz; Seidenglanz. Spaltbarkeit: keine; Bruch strahlig. Tenazität: spröde. Kristallform: orthorhombisch; strahlig bis faserig, derb, dicht. Vorkommen: in kontaktmetasomatischen Lagerstätten. Begleitmineralien: Magnetit, Zinnstein, Vonsenit.

Ähnliche Mineralien: Turmalin ist härter; Hedenbergit mehr grünlich; Ilvait ist etwas härter und hat einen anderen Glanz.

2 Carrollit ⊘

Härte: 4½–5½.
Dichte: 4,5–4,8.
Strichfarbe: grau.
Formel: $CuCo_2S_4$

Farbe: hell- bis stahlgrau; Metallglanz. Spaltbarkeit: schlecht; Bruch muschelig. Tenazität: spröde. Kristallform: kubisch; Oktaeder, derb. Vorkommen: in hydrothermalen Lagerstätten. Begleitmineralien: Calcit, Pyrit.

Ähnliche Vorkommen: Von Linneit ist Carrollit mit einfachen Mitteln kaum zu unterscheiden.

3 Maucherit ⊘

Härte: 5.
Dichte: 8,0.
Strichfarbe: bräunlich bis schwärzlich.
Formel: $Ni_{11}As_8$

Farbe: rötlichsilberweiß, oft dunkler angelaufen; Metallglanz. Spaltbarkeit: keine; Bruch muschelig. Tenazität: spröde. Kristallform: tetragonal; selten tafelig, quirlig, blättrig, stengelig, derb. Vorkommen: in Kobalt-Nickel-Arsengängen. Begleitmineralien: Rotnickelkies, Kalkspat, Kobaltglanz, Chloantit.

Ähnliche Mineralien: Rotnickelkies hat mehr prismatische Kristalle und ist in derbem Zustand mit einfachen Mitteln von Maucherit nicht zu unterscheiden.

4 Davidit ⊘ ⊕

Härte: 5.
Dichte: 4,5.
Strichfarbe: braunschwarz.
Formel:
$(Ce,La,U)_x(U,Fe)(Ti,Fe)_6O_{13-x}$

Farbe: schwarz; Fettglanz. Spaltbarkeit: keine; Bruch muschelig. Tenazität: spröde. Kristallform: trigonal; dicktafelig, oft eingewachsen, derb. Vorkommen: in Pegmatiten, auf alpinen Klüften. Begleitmineralien: Uranglimmer, Orthit.

Ähnliche Mineralien: Gadolinit hat einen grünlichen Strich.

Fundort/Maßstab

1 Brosso, Piemont 2fach	2 Kolwezi, Zaire / 4fach
3 Eisleben, DDR / 10fach	
4 Selva, Schweiz / 30fach	

1 Ilmenit
Titaneisenerz

Härte: 5-6.
Dichte: 4,5-5,0.
Strichfarbe: schwarz.
Formel: $FeTiO_3$

Farbe: eisenschwarz; Metallglanz, aber oft matt angelaufen. Spaltbarkeit: keine; Bruch muschelig bis uneben. Tenazität: spröde. Kristallform: trigonal; rhomboedrisch, dick- bis dünntafelig, körnig, derb. Vorkommen: in magmatischen Gesteinen, Pegmatiten, Seifen. Begleitmineralien: Haematit, Magnetit.
Ähnliche Mineralien: Magnetit hat eine andere Kristallform, Haematit einen roten Strich; von titanhaltigem Haematit (mit schwarzem Strich), insbesondere aus alpinen Klüften, ist Ilmenit oft schwer zu unterscheiden.

2 Kobaltglanz
Cobaltin

Härte: 5½.
Dichte: 6,0-6,4.
Strichfarbe: grauschwarz.
Formel: CoAsS

Farbe: silberweiß mit Stich ins Rötliche; Metallglanz. Spaltbarkeit: kaum sichtbar; Bruch muschelig. Tenazität: spröde. Kristallform: kubisch; Würfel, Oktaeder und Rhombendodekaeder, immer eingewachsen, derb. Vorkommen: in hydrothermalen Gängen, regionalmetamorphen Lagerstätten. Begleitmineralien: Kupferkies, gediegen Wismut, Skutterudit, Chloantit.
Ähnliche Mineralien: Ullmannit ist mit einfachen Mitteln von Kobaltglanz nur schwer unterscheidbar, aber viel seltener; Anflüge von Kobaltblüte erleichtern die Unterscheidung von Nickelerzen.

3 Löllingit
Arsenikalkies

Härte: 5.
Dichte: 7,1-7,4.
Strichfarbe: grauschwarz.
Formel: $FeAs_2$

Farbe: silberweiß, dunkler anlaufend; Metallglanz. Spaltbarkeit: erkennbar nach der Basis; Bruch uneben. Tenazität: spröde. Kristallform: orthorhombisch; nadelig, prismatisch strahlig, stengelig, körnig, eingewachsen. Vorkommen: in Zinnerzgängen, Pegmatiten, hydrothermalen Gängen. Begleitmineralien: Siderit, Arsenkies.
Ähnliche Mineralien: Arsenkies ist leichter, im frischen Bruch etwas dunkler, weicher und mit einfachen Mitteln von Löllingit Safflorit und Rammelsbergit schwer zu unterscheiden.

4 Allanit
Orthit

Härte: 5½.
Dichte: 3,0-4,2.
Strichfarbe: grüngrau bis braunschwarz.
Formel: $Ca(Ce,Th)(Fe,Mg) Al_2 [O/OH/SiO_4/Si_2O_7]$

Farbe: pechschwarz; fettiger Glasglanz. Spaltbarkeit: nicht erkennbar; Bruch muschelig. Tenazität: spröde. Kristallform: monoklin; selten tafelig, meist derb eingewachsen. Vorkommen: in Graniten, Syeniten, Dioriten Gneisen, Pegmatiten, auf alpinen Klüften. Begleitmineralien: Monazit, Xenotim, Feldspat, Quarz.
Ähnliche Mineralien: Allanit ist mit einfachen Mitteln von anderen schwarzen, derben Pegmatitmineralien oft nicht unterscheidbar.

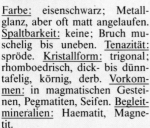

Fundort/Maßstab	
1 Arendal, Norwegen / 3fach	
2 Håkansboda, Schweden / 6fach	3 Broken Hill, Australien 6fach
4 Laacher See, Eifel / 18fach	

1 Gersdorffit ⊘

Härte: 5½.
Dichte: 5,9.
Strichfarbe: schwarz.
Formel: NiAsS

Farbe: stahlgrau, meist schwarz angelaufen; Metallglanz. Spaltbarkeit: vollkommen; Bruch uneben. Tenazität: spröde. Kristallform: kubisch; Oktaeder, Würfel, Kubooktaeder, derb. Vorkommen: in hydrothermalen Gängen. Begleitmineralien: Siderit, Uraninit, Kupferkies.
Ähnliche Mineralien: Bleiglanz hat eine andere Farbe und ist viel weicher; Pyrit mehr gelblich.

2 Groutit O$_2$

Härte: 5½.
Dichte: 4,2.
Strichfarbe: braunschwarz.
Formel: MnOOH

Farbe: schwarz; Glasglanz bis metallisch. Spaltbarkeit: vollkommen. Bruch uneben. Tenazität: spröde. Kristallform: orthorhombisch; dicktafelig, linsenförmig. Vorkommen: in der Oxidationszone. Begleitmineralien: Rhodochrosit, Limonit.
Ähnliche Mineralien: Manganit hat eine andere Kristallform.

3, 4 Arsenkies ⊘ ✦
Arsenopyrit

Härte: 5½–6.
Dichte: 5,9–6,2.
Strichfarbe: schwarz.
Formel: FeAsS

Farbe: zinnweiß bis stahlgrau, oft dunkler angelaufen; Metallglanz. Spaltbarkeit: undeutlich; Bruch uneben. Tenazität: spröde. Kristallform: orthorhombisch; oktaederähnlich bis prismatisch, oft Zwillinge, zum Teil sternförmig, häufig derb. Vorkommen: in Zinnerzgängen und hydrothermalen Gängen. Begleitmineralien: Pyrit, Gold, Magnetkies, Siderit, Kupferkies, Kobalt-Nickel-Erze.
Ähnliche Mineralien: Pyrit und Markasit haben eine andere Farbe; Magnetkies ist weicher.

5 Chloantit ⊘
Weißnickelkies

Härte: 5½.
Dichte: 6,4–6,6.
Strichfarbe: grauschwarz.
Formel: (Ni,Co)As$_3$

Farbe: zinnweiß, oft dunkler angelaufen; Metallglanz. Spaltbarkeit: keine; Bruch uneben. Tenazität: spröde. Kristallform: kubisch; würfelig, körnig, derb, eingewachsen. Vorkommen: in hydrothermalen Kobalt-Nickel-lagerstätten. Begleitmineralien: Skutterudit, Safflorit, Rotnickelkies, Maucherit.
Ähnliche Mineralien: Skutterudit ist von Chloantit mit einfachen Mitteln nicht zu unterscheiden. Überzüge von Nickelblüte geben aber deutliche Hinweise auf Chloantit; Safflorit und Rammelsbergit sind etwas weicher, schwerer und haben eine andere Kristallform.

Fundort/Maßstab	
1 Mitterberg, Salzburg 10fach	2 Woodruff, Arizona, USA 12fach
3 Chalkidiki, Griechenland / 5fach	
4 Janggun, Korea / 8fach	5 Schneeberg, Sachsen 6fach

1, 2 Columbit

Härte: 6.
Dichte: 5,3(Niobit)-8,1(Tantalit).
Strichfarbe: braun bis schwarz.

Die Columbite sind Mischungsglieder einer Mischungsreihe von Niobit $(Fe,Mn)Nb_2O_6$ und Tantalit $(Fe,Mn)Ta_2O_6$.

Farbe: braunschwarz bis schwarz; Pechglanz. Spaltbarkeit: kaum sichtbar; Bruch muschelig. Tenazität: spröde. Kristallform: orthorhombisch; tafelig bis nadelig, strahlig, meist eingewachsen. Vorkommen: in Pegmatiten. Begleitmineralien: Pechblende, Quarz, Feldspat.
Ähnliche Mineralien: Haematit hat einen anderen Strich; Ilmenit eine andere Kristallform.

3 Ilvait

Lievrit
Härte: 5½-6.
Dichte: 4,1.
Strichfarbe: schwärzlich.
Formel:
$CaFe_2^{2+}Fe^{3+}[OH/O/Si_2O_7]$

Farbe: schwarz; Glasglanz, etwas harzig. Spaltbarkeit: kaum erkennbar; Bruch muschelig. Tenazität: spröde. Kristallform: orthorhombisch; prismatisch, strahlig, stengelig, körnig, derb. Vorkommen: in eisenreichen Kontaktlagerstätten. Begleitmineralien: Hedenbergit, Magnetit, Pyrit, Haematit, Arsenkies.
Ähnliche Mineralien: Turmalin ist härter; Strahlstein hat eine andere Paragenese und Spaltbarkeit; Ludwigit besitzt einen anderen Strich.

4 Pechblende

Uraninit
Härte: 6, derb oft niedriger.
Dichte: 9,1-10,6.
Strichfarbe: schwarz.
Formel: UO_2

Farbe: schwarz, grau, bräunlich; Fettglanz, oft matt. Spaltbarkeit: meist nicht sichtbar; Bruch muschelig. Tenazität: spröde. Kristallform: kubisch; Würfel, Oktaeder, nierig, traubig, erdig, derb. Vorkommen: in Pegmatiten, mikroskopisch in Graniten, in hydrothermalen Gängen, in Sandsteinen, und präkambrischen Seifen. Begleitmineralien: Uranglimmer, Uranophan.
Ähnliche Mineralien: Magnetit hat einen anderen Glanz.

5 Thorianit

Härte: 6½-7.
Dichte: 10,0.
Strichfarbe: schwarz.
Formel: ThO_2

Farbe: schwarz, braunschwarz; Harzglanz. Spaltbarkeit: schlecht; Bruch muschelig. Tenazität: spröde. Kristallform: kubisch; Würfel. Vorkommen: in Pegmatiten. Begleitmineralien: Pechblende, Monazit, Hibonit.
Ähnliche Mineralien: Pechblende ist von Thorianit mit einfachen Mitteln nicht unterscheidbar.

6 Ullmannit

Härte: 5-5½.
Dichte: 6,65.
Strichfarbe: schwarz.
Formel: NiSbS

Farbe: stahlgrau; Metallglanz. Spaltbarkeit: vollkommen; Bruch uneben. Tenazität: spröde. Kristallform: kubisch; Würfel, Oktaeder, derb. Vorkommen: in hydrothermalen Gängen. Begleitmineralien: Siderit, Linneit.
Ähnliche Mineralien: Von Gersdorffit ist Ullmannit mit einfachen Mitteln nicht unterscheidbar.

Fundort/Maßstab

1 Tangen, Norwegen 3fach	2 Hagendorf, Ostbayern 8fach
3 Poona, Indien / 6fach	4 St. Joachimsthal, CSSR 5fach
5 Betanimena, Madagaskar / 6fach	6 Sarrabus, Sardinien 6fach

1|2

3|4

5|6

1, 2, 3, 4, 5 Pyrit ⊗
Schwefelkies

<u>Härte:</u> 6–6½.
<u>Dichte:</u> 5,0–5,2.
<u>Strichfarbe:</u> grünlichschwarz.
<u>Formel:</u> FeS_2

<u>Farbe:</u> hell messingfarben; Metallglanz. <u>Spaltbarkeit:</u> keine; Bruch muschelig. <u>Tenazität:</u> spröde. <u>Kristallform:</u> kubisch; Würfel mit gestreiften Flächen, Oktaeder, Pentagondodekaeder, radialstrahlig, nierig, oft auch derb. <u>Vorkommen:</u> in Gesteinen, intramagmatischen Lagerstätten, hydrothermalen Gängen, als Konkretion in Sedimenten, in metamorphen Lagerstätten. <u>Begleitmineralien:</u> Zinkblende, Bleiglanz, Quarz, Kalkspat.
Ähnliche Mineralien: Markasit hat eine andere Kristallform und ist einen Stich grünlicher.

Dysanalyt ⊗
(ohne Foto)

<u>Härte:</u> 6.
<u>Dichte:</u> 4,0.
<u>Strichfarbe:</u> schwarz.
<u>Formel:</u> $(Ca,Ce)(Ti,Nb)O_3$

<u>Farbe:</u> schwarz; Metallglanz. <u>Spaltbarkeit:</u> schlecht; Bruch muschelig. <u>Tenazität:</u> spröde. <u>Kristallform:</u> orthorhombisch; würfelig, eingewachsen. <u>Vorkommen:</u> in Karbonatiten. <u>Begleitmineralien:</u> Calcit, Apatit.
Ähnliche Mineralien: Von Perowskit ist Dysanalyt mit einfachen Mitteln nicht zu unterscheiden.

Geikielit ⊕ ⊗
(ohne Foto)

<u>Härte:</u> 6.
<u>Dichte:</u> 4,0.
<u>Strichfarbe:</u> braunschwarz.
<u>Formel:</u> $MgTiO_3$

<u>Farbe:</u> schwarz; Metallglanz. <u>Spaltbarkeit:</u> keine; Bruch muschelig. <u>Tenazität:</u> spröde. <u>Kristallform:</u> trigonal; kurzprismatisch, derb. <u>Vorkommen:</u> in metamorphen Gesteinen und Seifen. <u>Begleitmineralien:</u> Spinell, Diopsid.
Ähnliche Mineralien: Magnetit hat eine andere Kristallform.

Jakobsit ⊗
(ohne Foto)

<u>Härte:</u> 6.
<u>Dichte:</u> 4,7–5,0.
<u>Strichfarbe:</u> braunschwarz.
<u>Formel:</u> $MnFe_2O_4$

<u>Farbe:</u> schwarz; Metallglanz bis matt. <u>Spaltbarkeit:</u> keine; Bruch muschelig. <u>Tenazität:</u> spröde. <u>Kristallform:</u> kubisch; Oktaeder, meist verzerrt, körnig, derb. <u>Vorkommen:</u> in metamorphen Manganlagerstätten. <u>Begleitmineralien:</u> Braunit, Hausmannit.
Ähnliche Mineralien: Magnetit hat einen rein schwarzen Strich und ist im Gegensatz zu Jakobsit stark magnetisch.

Fundort/Maßstab

1 Hettenheim, Heidelberg / 2fach	2 Poona, Indien / 6fach
3 Simplon, Wallis, Schweiz / 8fach	4 Habachtal, Österreich 3fach
5 Lengenbach, Schweiz / 8fach	

1 Rammelsbergit ⊘

Härte: 5½–6.
Dichte: 6,97.
Strichfarbe: grau.
Formel: NiAs$_2$

Farbe: zinnweiß mit rötlichem Stich, meist gelblich angelaufen; Metallglanz. **Spaltbarkeit:** keine; Bruch uneben. **Tenazität:** spröde. **Kristallform:** orthorhombisch; tafelig, oft hahnenkammförmig verwachsen. **Vorkommen:** in hydrothermalen Lagerstätten. **Begleitmineralien:** Skutterudit, Löllingit.

Ähnliche Mineralien: Löllingit in Kristallen ist mit einfachen Mitteln von Rammelsbergit nicht zu unterscheiden, die Paragenese gibt deutliche Hinweise.

2 Skutterudit ⊘
Speiskobalt

Härte: 6.
Dichte: 6,8.
Strichfarbe: schwarz.
Formel: (Co,Ni)As$_3$

Farbe: zinnweiß; Metallglanz. **Spaltbarkeit:** keine; Bruch muschelig bis uneben. **Tenazität:** spröde. **Kristallform:** kubisch; oktaedrische, oft derb. **Vorkommen:** in Kobalt-Nickellagerstätten. **Begleitmineralien:** Chloantit, Kobaltglanz.

Ähnliche Mineralien: Chloantit ist von Skutterudit mit einfachen Mitteln nicht zu unterscheiden, Überzüge von Kobalt- oder Nikkelblüte geben Hinweise; Safflorit, Rammelsbergit haben eine andere Kristallform.

3 Pyrolusit O$_2$

Härte: 6,
aber in Aggregaten oft scheinbar viel niedriger.
Dichte: 4,9–5,1.
Strichfarbe: schwarz.
Formel: MnO$_2$

Farbe: silbergrau bis grauschwarz; Metallglanz bis matt. **Spaltbarkeit:** keine; Bruch muschelig, in Aggregaten bröckelig bis faserig. **Tenazität:** spröde. **Kristallform:** tetragonal; prismatisch, radialstrahlig, erdig, krustig. **Vorkommen:** in hydrothermalen Gängen, in der Oxidationszone; in Sedimenten als Oolithen. **Begleitmineralien:** Manganit, Psilomelan, Limonit.

Ähnliche Mineralien: Manganit hat einen braunen Strich; Kryptomelan ist weicher und hat eine andere Farbe; Antimonit ist nicht so spröde.

4, 5 Markasit ⊘
Speerkies,
Kammkies

Härte: 6–6½.
Dichte: 4,8–4,9.
Strichfarbe: grünlichschwarz.
Formel: FeS$_2$

Farbe: messinggelb mit Stich ins Grüne; Metallglanz. **Spaltbarkeit:** schlecht; Bruch uneben. **Tenazität:** spröde. **Kristallform:** orthorhombisch; tafelig, oft zu gezackten Gruppen verwachsen, strahlig, schalig, nierig, derb. **Vorkommen:** in hydrothermalen, niedrig temperierten Verdrängungslagerstätten, als Konkretionen in Sedimenten. **Begleitmineralien:** Pyrit, Magnetkies.

Ähnliche Mineralien: Pyrit hat keinen grünlichen Stich, eine andere Kristallform, ist derb, aber von Markasit nur schwer zu unterscheiden; auch Pyrit kann strahlig sein; Kupferkies ist weicher; Magnetkies und Arsenkies haben eine andere Farbe.

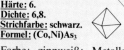

Fundort/Maßstab

1 Bou Azzer, Marokko 5fach	2 Bou Azzer, Marokko 4fach
3 Ilmenau, Thüringen / 1,2fach	
4 Letmathe, Westfalen 1,5fach	5 Grube Levin, Essen 4,5fach

1 Magnetit ✖

Magneteisenerz

Härte: 6-6½.
Dichte: 5,2.
Strichfarbe: schwarz.
Formel: Fe_3O_4

Farbe: eisenschwarz; matter Metallglanz. Spaltbarkeit: kaum erkennbar; Bruch muschelig. Tenazität: spröde. Kristallform: kubisch; Oktaeder, Rhombendodekaeder, auf- und eingewachsen, derbe Massen. Vorkommen: in magmatischen Gesteinen, pneumatolytischen Verdrängungslagerstätten, metamorphen Lagerstätten, in Chlorit- und Talkschiefern eingewachsen, in hydrothermalen Gängen, auf alpinen Klüften. Begleitmineralien: Pyrit, Ilmenit, Haematit, Apatit. Besondere Eigenschaft: magnetisch.

Ähnliche Mineralien: Alle ähnlichen Mineralien sind nicht oder nur schwach magnetisch; Chromit hat einen hellbraunen Strich.

2 Krokydolith ✪

Härte: 6.
Dichte: 3,3-3,4.
Strichfarbe: blauschwarz bis blaugrau.
Formel: $Na_2Fe_4[OH/Si_4O_{11}]_2$

Farbe: schwarzblau bis grünlichschwarz; Seidenglanz. Spaltbarkeit: keine; Bruch faserig. Tenazität: biegsam. Kristallform: monoklin; haarförmig bis faserig. Vorkommen: in natriumreichen Gesteinen. Begleitmineralien: Quarz, Limonit.

Ähnliche Mineralien: Feinfaseriger Turmalin ist härter.

3 Klinozoisit ⊘ ✪

Härte: 6-7.
Dichte: 3,3-3,5.
Strichfarbe: grau bis weiß.
Formel: $Ca_2Al_3(O/OH/SiO_4/Si_2O_7)$

Farbe: grau, hellbraun, graubraun; Glasglanz. Vorkommen: in hydrothermalen Gängen und metamorphen Gesteinen. Begleitmineralien: Axinit, Hornblendeasbest, Albit.

Ähnliche Mineralien: Epidot ist immer etwas grün; Zoisit vor Klinozoisit nicht immer einfach zu unterscheiden.

4 Ixiolith ✪

Härte: 6-6½.
Dichte: 7,0-7,2.
Strichfarbe: schwarz.
Formel: $(Ta,Fe,Sn,Nb,Mn)_4O_8$

Farbe: schwarz; fettiger Metallglanz. Spaltbarkeit: keine; Bruch uneben. Tenazität: spröde. Kristallform: orthorhombisch; prismatisch bis tafelig. Vorkommen: in Pegmatiten. Begleitmineralien: Feldspat, Columbit.

Ähnliche Mineralien: Columbit ist mit einfachen Mitteln von Ixiolith nicht zu unterscheiden.

5 Sperrylith ✪

Härte: 6-7.
Dichte: 10,4-10,6.
Strichfarbe: schwarz.
Formel: $PtAs_2$

Farbe: zinnweiß; Metallglanz. Spaltbarkeit: nicht erkennbar; Bruch muschelig. Tenazität: spröde. Kristallform: kubisch; Würfel, Kubooktaeder. Vorkommen: in intramagmatischen Sulfidlagerstätten. Begleitmineralien: Kupferkies, Magnetkies.

Ähnliche Mineralien: Cobaltin ist weicher.

Fundort/Maßstab	
1 Binntal, Schweiz / 2,5fach	
2 Transvaal, Südafrika 1,5fach	3 Maishofen / Österreich 3fach
4 Viitaniemi, Finnland 6fach	5 Sudbury, Ontario 15fach

1, 2 Epidot 🌀 🌀

Härte: 6-7.
Dichte: 3,3-3,5.
Strichfarbe: grau.
Formel:
$Ca_2(Fe,Al)Al_2[O/OH/SiO_4/Si_2O_7]$

Farbe: gelbgrün, dunkelgrün, schwarzgrün; Glasglanz. Spaltbarkeit: schlecht sichtbar; Bruch muschelig. Tenazität: spröde. Kristallform: monoklin; prismatisch, selten dicktafelig, strahlig, derb. Vorkommen: in Drusen und Hohlräumen von Pegmatiten, in Epidotschiefern, auf Klüften von Graniten und metamorphen Gesteinen. Begleitmineralien: Aktinolith, Augit, Albit, Apatit, Quarz.
Ähnliche Mineralien: Augit, Hornblende, Aktinolith haben eine andere Spaltbarkeit; Turmalin hat eine andere Kristallform.

3 Bixbyit 🌀 🌀

Härte: 6½.
Dichte: 4,9-5,0.
Strichfarbe: schwarz.
Formel: $(Mn,Fe)_2O_3$

Farbe: schwarz; Metallglanz. Spaltbarkeit: nach dem Oktaeder erkennbar; Bruch uneben. Tenazität: spröde. Kristallform: kubisch; würfelig, oft derb. Vorkommen: in metamorphen Manganlagerstätten und in vulkanischen Gesteinen. Begleitmineralien: Topas, Spessartin, Braunit, Hausmannit.
Ähnliche Mineralien: Magnetit hat keine Spaltbarkeit und bildet fast nie Würfel.

4 Coronadit O_2

Härte: 6½-7.
Dichte: 5,5.
Strichfarbe: schwarz.
Formel: $PbMn_8O_{16}$

Farbe: grauschwarz bis schwarz; Metallglanz bis matt. Spaltbarkeit: keine; Bruch uneben. Tenazität: spröde. Kristallform: tetragonal; radialstrahlig, glaskopfartig, nierig, erdig. Vorkommen: in der Oxidationszone. Begleitmineralien: Psilomelan, Limonit, Bleiglanz.
Ähnliche Mineralien: Andere Manganoxide unterscheiden sich von Coronadit durch die weniger hohe Dichte.

5 Psilomelan O_2

Härte: 6-6½, je nach Aggregatform sehr variabel.
Dichte: 6,30-6,45.
Strichfarbe: braunschwarz bis schwarz.
Formel: $BaMn_8O_{16}(OH)_4$

Farbe: schwarz bis stahlgrau. Metallglanz. Spaltbarkeit: keine. Bruch uneben. Tenazität: spröde. Kristallform: monoklin; nierig, stalaktitisch, strahlig, derb. Vorkommen: in Verwitterungslagerstätten, als Konkretionen in Sedimenten, als Verdrängungen in Kalken. Begleitmineralien: andere Manganoxide.
Ähnliche Mineralien: Kryptomelan ist weicher; Pyrolusit hat eine andere Kristallform, ist in Aggregaten aber nur schwer zu unterscheiden.

Fundort/Maßstab	
1 Habachtal, Österreich 2fach	2 Untersulzbachtal, Österreich / 1,5fach
3 Thomas Range, Utah, USA / 8fach	
4 Broken Hill, Australien 2fach	5 Ilmenau, Thüringen 2fach

1 Quecksilber O_2

<u>Härte:</u> -
<u>Dichte:</u> 13,6.
<u>Strichfarbe:</u> weiß.
<u>Formel:</u> Hg

<u>Farbe:</u> zinnweiß. Metallglanz. <u>Spaltbarkeit:</u> keine; Bruch. <u>Kristallform:</u> flüssig, bildet Tröpfchen. <u>Vorkommen:</u> auf Quecksilberlagerstätten. <u>Begleitmineralien:</u> Zinnober, Quecksilberfahlerz.

Ähnliche Mineralien: Quecksilber ist als das einzige flüssige Mineral unverwechselbar.

2 Talk

Steatit, Speckstein
<u>Härte:</u> 1.
<u>Dichte:</u> 2,7–2,8.
<u>Strichfarbe:</u> weiß.
<u>Formel:</u> $Mg_3[(OH)_2/Si_4O_{10}]$

<u>Farbe:</u> weiß, grau, gelb, braun, grün, durchscheinend bis undurchsichtig; Perlmutt- bis Fettglanz. <u>Spaltbarkeit:</u> nach der Basis vollkommen; Bruch uneben. <u>Tenazität:</u> biegsam, milde. <u>Kristallform:</u> monoklin; blättrig, dicht mit nieriger Oberfläche; oft Pseudomorphosen nach anderen Mineralien. <u>Vorkommen:</u> in metamorphen Gesteinen, als Talkschiefer, Topfstein; blättrige Aggregate, als Kluftfüllung in Serpentinen. <u>Begleitmineralien:</u> Dolomit, Magnesit, Serpentin, Quarz.

Ähnliche Mineralien: Die geringe Härte und das fettige Anfühlen machen Talk unverwechselbar; vom selteneren Pyrophyllit ist er mit einfachen Mitteln nicht unterscheidbar.

3 Glaukokerinit O_2

<u>Härte:</u> 1.
<u>Dichte:</u> 2,75.
<u>Strichfarbe:</u> weiß.
<u>Formel:</u>
$(Zn,Cu)_{10}Al_4SO_4(OH)_{30} \cdot 2\ H_2O$

<u>Farbe:</u> weiß bis blau; matt. <u>Spaltbarkeit:</u> nicht erkennbar; Bruch uneben. <u>Tenazität:</u> milde. Kristallform: monoklin; krustig, radialstrahlig, nierig. <u>Vorkommen:</u> in der Oxidationszone. <u>Begleitmineralien:</u> Azurit, Adamin.

Ähnliche Mineralien: Glaukokerinit ist unverkennbar.

4 Larderellit

<u>Härte:</u> 1.
<u>Dichte:</u> 1,90.
<u>Strichfarbe:</u> weiß.
<u>Formel:</u> $NH_4B_5O_6(OH)_4$

<u>Farbe:</u> weiß; matt. <u>Spaltbarkeit:</u> vollkommen; Bruch uneben. <u>Tenazität:</u> milde. <u>Kristallform:</u> monoklin; krustig. <u>Vorkommen:</u> als Absatz borhaltiger Wässer. <u>Begleitmineralien:</u> andere Bormineralien.

Ähnliche Mineralien: keine.

5 Leiteit O_2

<u>Härte:</u> 1½.
<u>Dichte:</u> 4,3.
<u>Strichfarbe:</u> weiß.
<u>Formel:</u> $(Zn,Fe)As_2O_4$

<u>Farbe:</u> weiß, rosa; Perlmuttglanz. <u>Spaltbarkeit:</u> vollkommen; Bruch blättrig. <u>Tenazität:</u> milde. <u>Kristallform:</u> monoklin; blättrige Spaltstücke. <u>Vorkommen:</u> in der Oxidationszone. <u>Begleitmineralien:</u> Schneiderhöhnit, Skorodit.

Ähnliche Mineralien: Die hohe Dichte, Tenazität und Spaltbarkeit machen Leiteit unverwechselbar.

Fundort/Maßstab

1 Almadén, Spanien 10fach	2 Stubachtal, Salzburg 1fach
3 Lavrion, Griechenland / 2fach	
4 Larderello, Toskana 5fach	5 Tsumeb, Namibia 2fach

1 Salammoniak

Härte: 1-2.
Dichte: 1,52.
Strichfarbe: weiß.
Formel: NH_4Cl

Farbe: weiß; matt. Spaltbarkeit: nicht erkennbar; Bruch erdig. Tenazität: spröde. Kristallform: kubisch; erdig, krustig. Vorkommen: auf vulkanischen Gesteinen und brennender Kohle. Begleitmineralien: Schwefel, Alaun.
Ähnliche Mineralien: Alaun ist mit einfachen Mitteln von Salammoniak nicht zu unterscheiden.

2 Hannayit O_2

Härte: 1-2.
Dichte: 2,03.
Strichfarbe: weiß.
Formel: $(NH_4)_2 Mg_3H_4(PO_4)_4 \cdot 8 H_2O$

Farbe: weiß; Glasglanz. Spaltbarkeit: vollkommen; Bruch uneben. Tenazität: spröde. Kristallform: triklin; prismatisch, nadelig. Begleitmineralien: Gips, Struvit. Vorkommen: in Fledermaushöhlen.
Ähnliche Mineralien: Gips hat eine andere Tenazität.

3 Aurichalcit O_2

Härte: 2.
Dichte: 3,6-4,3.
Strichfarbe: weiß bis blaß hellblau.
Formel: $(Zn, Cu)_5 [(OH)_3/CO_3]_2$

Farbe: hellblau, bläulich, grünlichblau; Seidenglanz bis Perlmuttglanz. Spaltbarkeit: vollkommen. Bruch blättrig. Tenazität: milde. Kristallform: orthorhombisch; blättrig, nadelig, radialstrahlig, büschelig. Vorkommen: in der Oxidationszone. Begleitmineralien: Hemimorphit, Smithsonit, Rosasit, Cuprit, Malachit.
Ähnliche Mineralien: Rosasit ist härter und nie blättrig.

4 Liskeardit O_2

Härte: 1-2.
Dichte: 3,01.
Strichfarbe: weiß.
Formel: $(Al, Fe)_3AsO_4 (OH)_6 \cdot 5 H_2O$

Farbe: weiß, grünlich, bläulich. Glasglanz. Spaltbarkeit: erkennbar; Bruch faserig. Tenazität: spröde. Kristallform: monoklin faserige Krusten. Vorkommen: in der Oxidationszone.
Ähnliche Mineralien: Gibbsit ist härter; Glaukokerinit mit einfachen Mittel von Liskeardit nicht unterscheidbar.

5 Chlorargyrit O_2
Chlorsilber

Härte: 1½.
Dichte: 5,5-5,6.
Strichfarbe: weiß bis grau, glänzend.
Formel: $AgCl$

Farbe: farblos, weiß, gelblich grau, schwarz; Diamantglanz bis Fettglanz. Spaltbarkeit: keine Bruch hakig. Tenazität: geschmeidig, schneidbar. Kristallform: kubisch; selten würfelig, meist krustig, nierig, derb. Vorkommen: in der Oxidationszone Begleitmineralien: Argentit, Bromargyrit, Iodargyrit.
Ähnliche Mineralien: Jodargyrit und Bromargyrit sind mit einfachen Mitteln von Chlorargyrit meist nicht zu unterscheiden; Jodargyrit hat allerdings eine andere Kristallform.

Fundort/Maßstab	
1 Paricutin, Mexiko 1,5fach	2 Skipton Caves, Ballarat, Australien 6fach
3 Mina Ojuela, Mapimi, Mexiko / 3,5fach	
4 Liskeard, Cornwall 8fach	5 Caracoles, Chile / 8fach

1 Guerinit O_2

Härte: 1½.
Dichte: 2,68.
Strichfarbe: weiß.
Formel: $Ca_5H_2(AsO_4)_4 \cdot 9 H_2O$

Farbe: weiß; Perlmuttglanz. Spaltbarkeit: vollkommen; Bruch faserig. Tenazität: spröde. Kristallform: monoklin; tafelig, nadelig. Vorkommen: in der Oxidationszone. Begleitmineralien: Pharmakolith, Pikropharmakolith.
Ähnliche Mineralien: Pharmakolith und Pikropharmakolith haben eine andere Kristallform.

2 Vivianit ⊗

Härte: 2.
Dichte: 2,6–2,7.
Strichfarbe: weiß bis blaß hellblau.
Formel: $Fe_3[PO_4]_2 \cdot 8 H_2O$

Farbe: grün bis blau; Perlmuttglanz. Spaltbarkeit: vollkommen; Bruch blättrig. Tenazität: dünne Kristalle biegsam, milde. Kristallform: monoklin; prismatisch bis tafelig, kugelig, derb, pulvrig, erdig, Krusten. Vorkommen: in Pegmatiten, in der Oxidationszone, in Sedimenten. Begleitmineralien: Triphylin, Siderit, Limonit.
Ähnliche Mineralien: Azurit braust mit verdünnter Salzsäure; Lazulith hat einen fettigen Glanz und ist härter.

3 Pyrophyllit ⊘ ✹

Härte: 1½.
Dichte: 2,8.
Strichfarbe: weiß.
Formel: $Al_2[(OH)_2/Si_4O_{10}]$

Farbe: weiß, gelb, grün, braun; Perlmuttglanz. Spaltbarkeit: nach der Basis vollkommen; Bruch uneben. Tenazität: biegsam, milde. Kristallform: monoklin; blättrig, radialstrahlig, derb, dicht. Vorkommen: in kristallinen Schiefern, auf Erzgängen. Begleitmineralien: Quarz, Disthen.
Ähnliche Mineralien: Talk ist mit einfachen Mitteln von Pyrophyllit nicht zu unterscheiden.

4 Annabergit O_2
Nickelblüte

Härte: 2.
Dichte: 3,0–3,1.
Strichfarbe: weiß.
Formel: $Ni_3[AsO_4]_2 \cdot 8 H_2O$

Farbe: hell- bis apfelgrün; Glasglanz. Spaltbarkeit: sehr vollkommen; Bruch blättrig. Tenazität: milde, dünne Blättchen biegsam. Kristallform: monoklin; prismatisch bis tafelig, meist derb, erdig, krustig. Vorkommen: in der Oxidationszone. Begleitmineralien: Nickelerze.
Ähnliche Mineralien: Malachit und andere Kupfermineralien sind dunkler.

5 Autunit O_2
Kalkuranglimmer

Härte: 2–2½.
Dichte: 3,2.
Strichfarbe: weiß bis gelblich.
Formel: $Ca[UO_2/PO_4]_2 \cdot 8-12 H_2O$

Farbe: gelb mit Stich ins Grüne. Glasglanz, auf Spaltflächen Perlmuttglanz. Spaltbarkeit: vollkommen nach der Basis; Bruch uneben. Tenazität: spröde bis milde. Kristallform: tetragonal; tafelig. Vorkommen: in der Oxidationszone, auf Klüften. Begleitmineralien: Torbernit, Uranocircit, Flußspat, Baryt. Besondere Eigenschaften: fluoresziert.
Ähnliche Mineralien: Torbernit ist grün und fluoresziert nicht; Uranocircit ist mit einfachen Mitteln von Autunit nicht zu unterscheiden.

Fundort/Maßstab

1 Richelsdorf, Hessen 12fach	2 Morococala, Bolivien 2fach
3 Mariposa Co, Kalifornien, USA / 1,5fach	
4 Lavrion, Griechenland 8fach	5 Hagendorf, Ostbayern 6fach

1 Halotrichit O₂

Härte: 1½.
Dichte: 1,73–1,79.
Strichfarbe: weiß.
Formel: $FeAl_2[SO_4]_4 \cdot 22\,H_2O$

Farbe: weiß; Seidenglanz bis Glasglanz. Spaltbarkeit: keine; Bruch faserig. Tenazität: spröde. Kristallform: monoklin; nadelig, faserig, erdig. Vorkommen: als Ausblühungen am Ausbiß aluminiumreicher Gesteine, in alten Gruben. Begleitmineralien: Pikkingerit, Copiapit.
Ähnliche Mineralien: Pickingerit, das entsprechende Magnesiummineral, ist mit einfachen Mitteln von Halotrichit nicht zu unterscheiden.

2 Thomsenolith

Härte: 2.
Dichte: 2,98.
Strichfarbe: weiß.
Formel: $CaNaAlF_6 \cdot H_2O$

Farbe: farblos, weiß, gelblich, bräunlich durch Limonit; Glasglanz, auf Spaltflächen Perlmuttglanz. Spaltbarkeit: vollkommen; Bruch uneben. Tenazität: spröde. Kristallform: monoklin; lang- bis kurzprismatisch, häufig quergestreift. Vorkommen: in Drusen im zersetzten Kryolith. Begleitmineralien: Pachnolith, Ralstonit, Kryolith.
Ähnliche Mineralien: Pachnolithkristalle haben einen rautenförmigen Querschnitt und sind nicht quergestreift; Rälstonit hat eine andere Kristallform und ist härter.

3, 4 Schwefel O₂

Härte: 2.
Dichte: 2,0–2,1.
Strichfarbe: weiß.
Formel: α-S

Farbe: gelb, bräunlichgelb, grünlichgelb, durchsichtig bis undurchsichtig; Harz- bis Fettglanz, auf Kristallflächen Diamantglanz. Spaltbarkeit: kaum vorhanden; Bruch muschelig. Tenazität: sehr spröde. Kristallform: orthorhombisch; häufig Dipyramiden, spitzpyramidal, selten tafelig, aufgewachsen, körnig, faserig, nierig, stalaktitisch, erdig, pulvrig.
Vorkommen: in der Nähe vulkanischer Gasaustritte, Gänge, Lager, Nester, Imprägnationen in Sedimentgesteinen, in Salzlagerstätten, auf Erzlagerstätten mit sulfidischen Erzen, als Ausfüllung von Fossilhohlräumen, auf Drusen in Marmoren. Begleitmineralien: Kalkspat, Coelestin, Aragonit, Sulfide.
Ähnliche Mineralien: Die seltene gelbe Zinkblende ist an ihrer guten Spaltbarkeit sofort von Schwefel zu unterscheiden.

5 Sylvin

Härte: 2.
Dichte: 1,99.
Strichfarbe: weiß.
Formel: KCl

Farbe: farblos, weiß, gelblich, orange, bräunlich; Glasglanz. Spaltbarkeit: nach dem Würfel vollkommen; Bruch uneben. Tenazität: spröde. Kristallform: kubisch; Würfel in Kombination mit Oktaedern, körnig, derb. Vorkommen: in Salzlagerstätten, als Ausblühungen in Steppen, selten auf vulkanischem Gestein an Austrittspunkten von Gasen. Begleitmineralien: Steinsalz, Carnallit, Anhydrit. Besondere Eigenschaften: Schmeckt bitter.
Ähnliche Mineralien: Steinsalz schmeckt nicht bitter.

Fundort/Maßstab	
1 Mohave, Kalifornien, USA / 4,5fach	2 Ivigtut, Grönland 6fach
3 Perticara, Italien / 3fach	
4 Vulcano, Italien / 5fach	5 Wathingen, Celle 1fach

1 Manasseit

Härte: 2.
Dichte: 2,00.
Strichfarbe: weiß.
Formel: $Mg_6Al_2CO_3(OH)_{16} \cdot 4H_2O$

Farbe: weiß, gelblich, orange; Glasglanz. Spaltbarkeit: vollkommen; Bruch uneben. Tenazität: biegsam. Kristallform: hexagonal; isometrisch, derb, blättrig, krustig. Vorkommen: in Serpentinit und Karbonatiten. Begleitmineralien: Serpentin, Calcit.
Ähnliche Mineralien: Magnesit ist härter; Serpentin ebenfalls und nie weiß.

2 Parasymplesit O_2

Härte: 2.
Dichte: 3,1.
Strichfarbe: weiß.
Formel: $Fe_3(AsO_4)_2 \cdot 8H_2O$

Farbe: grün, graugrün, blaugrün; Glasglanz. Spaltbarkeit: vollkommen; Bruch uneben. Tenazität: spröde bis milde. Kristallform: monoklin; langtafelig, nadelig, radialstrahlig. Vorkommen: in der Oxidationszone. Begleitmineralien: Köttigit, Pyrit, Symplesit.
Ähnliche Mineralien: Köttigit ist mit einfachen Mitteln von Parasymplesit nicht unterscheidbar.

3 Steinsalz

Halit

Härte: 2.
Dichte: 2,1–2,2.
Strichfarbe: weiß.
Formel: NaCl

Farbe: farblos, rötlich, gelb, grau, blau, durchsichtig bis undurchsichtig; Glasglanz. Spaltbarkeit: nach dem Würfel vollkommen; Bruch muschelig. Tenazität: milde bis spröde. Kristallform: kubisch; Würfel, sehr selten Oktaeder, häufig aufgewachsen, derb, körnig, faserig, dicht. Vorkommen: in Steinsalzlagerstätten, in Steppen und Wüsten in dünnen Krusten auf der Erdoberfläche, an Austrittsstellen vulkanischer Gase. Begleitmineralien: Sylvin, Anhydrit, Polyhalit, Carnallit, Gips, Kieserit.
Ähnliche Mineralien: Fluorit ist härter und nicht wasserlöslich; Sylvin schmeckt im Gegensatz zu Steinsalz unangenehm bitter.

4 Heliophyllit O_2

Härte: 2.
Dichte: 6,9.
Strichfarbe: weiß.
Formel: $Pb_6As_2Cl_4O_7$

Farbe: gelb; Glasglanz. Spaltbarkeit: vollkommen; Bruch uneben. Tenazität: spröde. Kristallform: orthorhombisch; tafelig, kugelig, krustig. Vorkommen: in metamorphen Lagerstätten und alten Bleischlacken. Begleitmineralien: Ekdemit, Laurionit, Paralaurionit.
Ähnliche Mineralien: Paragenese und Farbe machen Heliophyllit unverwechselbar.

5 Dundasit O_2

Härte: 2.
Dichte: 3,5.
Strichfarbe: weiß.
Formel: $Pb_2Al_4(CO_3)_4(OH)_8 \cdot 3H_2O$

Farbe: weiß; Glasglanz bis Seidenglanz. Spaltbarkeit: vollkommen; Bruch uneben. Tenazität: spröde. Kristallform: orthorhombisch; nadelig, faserige Krusten. Vorkommen: in der Oxidationszone. Begleitmineralien: Krokoit, Cerussit.
Ähnliche Mineralien: Bei Beachtung der Paragenese ist Dundasit kaum verwechselbar.

Fundort/Maßstab

1 Jacupiranga, Brasilien 15fach	2 Markirch, Elsaß 15fach
3 Searles Lake, Kalifornien, USA / 3fach	
4 Lavrion, Griechenland 12fach	5 Dundas, Tasmanien 12fach

1, 2 Gips ⊕ O₂
Selenit

Härte: 1½–2.
Dichte: 2,3–2,4.
Strichfarbe: weiß.
Formel: $CaSO_4 \cdot 2\,H_2O$

Farbe: farblos, weiß, gelb, rosa, durchsichtig bis undurchsichtig; Perlmuttglanz. Spaltbarkeit: vollkommen; Bruch uneben. Tenazität: biegsam, milde bis spröde. Kristallform: monoklin; prismatisch, tafelig bis linsenförmig, nadelig, oft Zwillinge mit einspringenden Winkeln (Schwalbenschwanzzwillinge), faserig (Fasergips mit seidigem Glanz), schuppig, dicht (Alabaster). Vorkommen: als Kristalle und Konkretionen in Tonen und Mergeln, auf Erzlagerstätten, als neue Bildung in alten Bergwerken, Stollen und Wüsten. Begleitmineralien: Anhydrit, Steinsalz, Sulfide.
Ähnliche Mineralien: Spaltbarkeit und Härte unterscheiden Gips von allen anderen Mineralien.

3 Mellit ⊕
Honigstein

Härte: 2–2½.
Dichte: 1,64.
Strichfarbe: weiß.
Formel: $C_{12}Al_2O_{12} \cdot 18\,H_2O$

Farbe: braun, schwarz; Glasglanz bis Harzglanz. Spaltbarkeit: keine; Bruch muschelig. Tenazität: wenig spröde. Kristallform: tetragonal; bipyramidal, derb, knollig. Vorkommen: in Kohlelagerstätten. Begleitmineralien: Kohle, Tonmineralien.
Ähnliche Mineralien: Die geringe Dichte und die Paragenese von Mellit lassen keine Verwechslung zu.

4 Phlogopit 🜨 ⊛
Härte: 2–2½.
Dichte: 2,75–2,97.
Strichfarbe: weiß.
Formel: $KMg_3[(F,OH)_2/AlSi_3O_{10}]$

Farbe: dunkelbraun, rötlichbraun, gelblich, grünlich; Glasglanz. Spaltbarkeit: nach der Basis äußerst vollkommen; Bruch blättrig. Tenazität: dünne Blättchen biegsam. Kristallform: monoklin; tafelig, seltener prismatisch, blättrig, schuppig. Vorkommen: in Marmoren, metamorphen Dolomiten und Pegmatiten. Begleitmineralien: Graphit, Kalkspat, Diopsid.
Ähnliche Mineralien: Biotit kommt in anderer Paragenese vor; Diaspor ist viel härter.

5 Borax ⊕
Tinkal

Härte: 2–2½.
Dichte: 1,7–1,8.
Formel: $Na_2[B_4O_5(OH)_4] \cdot 8\,H_2O$

Farbe: farblos, weiß, gelblich, grau; Fettglanz. Spaltbarkeit: manchmal sichtbar; Bruch muschelig. Tenazität: spröde. Kristallform: monoklin; kurzprismatisch, derb. Vorkommen: in Boraxseen, besonders in ariden Klimata. Begleitmineralien: Steinsalz, Soda.
Ähnliche Mineralien: Soda ist weicher; Trona hat eine ausgezeichnete Spaltbarkeit.

Fundort/Maßstab	
1 Hall, Tirol / 3fach	2 Mansfeld, Thüringen 2fach
3 Tatabanya, Ungarn / 5fach	
4 Campolungo, Schweiz 20fach	5 Borax Lake, Kalifornien 3fach

1 Nakrit ⊘ ⬣

Härte: 2–2½.
Dichte: 2,6.
Strichfarbe: weiß.
Formel: $Al_2Si_2O_5(OH)_4$

Farbe: weiß; Perlmuttglanz. Spaltbarkeit: vollkommen; Bruch blättrig. Tenazität: milde. Kristallform: monoklin; tafelig, dicht. Vorkommen: in hydrothermalen Gängen, in Hohlräumen vulkanischer Gesteine. Begleitmineralien: Quarz, Hämatit.
Ähnliche Mineralien: Kaolinit bildet keine mit dem Auge sichtbaren Kristalle, ist aber von dichtem Nakrit mit einfachen Mitteln nicht zu unterscheiden.

2 Hydrozinkit O₂
Zinkblüte

Härte: 2–2½.
Dichte: 3,2–3,8.
Strichfarbe: weiß.
Formel: $Zn_5[(OH)_3/CO_3]_2$

Farbe: weiß bis gelblich; matt. Spaltbarkeit: wegen der Ausbildung des Minerals meist nicht erkennbar; Bruch erdig. Tenazität: milde. Kristallform: monoklin; selten nadelig, meist strahlig, krustig, erdig. Vorkommen: in der Oxidationszone. Begleitmineralien: Smithsonit, Hemimorphit, Wulfenit.
Ähnliche Mineralien: Die Paragenese macht Hydrozinkit unverwechselbar.

3, 4 Ettringit ⬣

Härte: 2–2½.
Dichte: 1,77.
Strichfarbe: weiß.
Formel:
$Ca_6Al_2(SO_4)_3OH_{12} \cdot 24\,H_2O$

Farbe: farblos, weiß, gelb; Glasglanz. Spaltbarkeit: kaum erkennbar; Bruch uneben. Tenazität: spröde. Kristallform: hexagonal; prismatisch, nadelig, faserig. Vorkommen: in vulkanischen Gesteinen. Begleitmineralien: Calcit, Afwillit, Phillipsit.
Ähnliche Mineralien: Calcit und Afwillit haben eine andere Kristallform.

5 Jamborit O₂

Härte: 2–2½.
Dichte: 2,67.
Strichfarbe: blaß grünlichweiß.
Formel: $(Ni, Fe)(OH)_2(OH,S,H_2O)$

Farbe: grün; Glasglanz. Spaltbarkeit: nicht erkennbar; Bruch uneben. Tenazität: spröde. Kristallform: hexagonal; nadelig, derb. Vorkommen: in der Oxidationszone. Begleitmineralien: Millerit, Calcit.
Ähnliche Mineralien: Malachit braust beim Betupfen mit Salzsäure.

Senarmontit O₂
(ohne Foto)

Härte: 2–2½.
Dichte: 5,5.
Strichfarbe: weiß.
Formel: Sb_2O_3

Farbe: farblos, weiß; Glasglanz bis Harzglanz. Spaltbarkeit: keine; Bruch muschelig. Tenazität: spröde. Kristallform: kubisch; Oktaeder, körnig, krustig, derb. Vorkommen: in der Oxidationszone. Begleitmineralien: Antimonit, Valentinit.
Ähnliche Mineralien: Die oktaedrische Kristallform und das Vorkommen mit anderen Antimonmineralien lassen keine Verwechslung von Senarmontit zu.

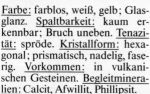

Fundort/Maßstab	
1 Hühnersedel, Schwarzwald / 20fach	
2 Mittenwald, Bayern 3fach	3 Bellerberg, Eifel 12fach
4 N'Chwaning, Südafrika 3fach	5 Castelluccio, Italien 10fach

1 Pharmakosiderit O₂
Würfelerz

<u>Härte:</u> 2½.
<u>Dichte:</u> 2,8–2,9.
<u>Strichfarbe:</u> weiß.
<u>Formel:</u> $KFe_4[(OH)_4/(AsO_4)_3]\cdot 7\,H_2O$

<u>Farbe:</u> grün, gelb, braun; Glasglanz, auf Bruchflächen Fettglanz. <u>Spaltbarkeit:</u> kaum erkennbar; Bruch muschelig. <u>Tenazität:</u> spröde. <u>Kristallform:</u> kubisch; immer aufgewachsen, meist Würfel, selten mit Oktaeder, körnig, derb. <u>Vorkommen:</u> in der Oxidationszone. <u>Begleitmineralien:</u> Olivenit, Klinoklas.
Ähnliche Mineralien: Flußspat ist härter und unterscheidet sich von Pharmakosiderit durch seine gute Spaltbarkeit.

2 Baricit ⊘

<u>Härte:</u> 2–2½.
<u>Dichte:</u> 2,42.
<u>Strichfarbe:</u> weiß.
<u>Formel:</u> $Mg_3(PO_4)_2\cdot 8\,H_2O$

<u>Farbe:</u> farblos, oft blau; Glasglanz. <u>Spaltbarkeit:</u> vollkommen; Bruch blättrig. <u>Tenazität:</u> biegsam. <u>Kristallform:</u> monoklin; tafelig. <u>Begleitmineralien:</u> Siderit, Lazulith, Wardit. <u>Vorkommen:</u> in Phosphatlagerstätten.
Ähnliche Mineralien: Vivianit ist mit einfachen Mitteln von Baricit nicht zu unterscheiden.

3 Muskovit

<u>Härte:</u> 2–2½.
<u>Dichte:</u> 2,78–2,88.
<u>Strichfarbe:</u> weiß.
<u>Formel:</u> $KAl_2[(OH,F)_2/AlSi_3O_{10}]$

<u>Farbe:</u> farblos, weiß, silbriggrau, grünlich, gelblich, bräunlich; Perlmuttglanz. <u>Spaltbarkeit:</u> nach der Basis äußerst vollkommen; Bruch blättrig. <u>Tenazität:</u> milde, Blättchen biegsam. <u>Kristallform:</u> monoklin; tafelig; sechsseitig, selten prismatisch, Blättchen, Schuppen, rosettenförmig. <u>Vorkommen:</u> in Graniten, Pegmatiten, Gneisen, Glimmerschiefern, Sandsteinen, Marmoren, nicht in vulkanischen Gesteinen. <u>Begleitmineralien:</u> Quarz, Feldspat, Biotit.
Ähnliche Mineralien: Talk und Chlorit sind weicher.

4 Mendipit O₂

<u>Härte:</u> 2½.
<u>Dichte:</u> 7,2.
<u>Strichfarbe:</u> weiß.
<u>Formel:</u> $Pb_3Cl_2O_2$

<u>Farbe:</u> weiß, rosa, grau; Harzglanz. <u>Spaltbarkeit:</u> vollkommen; Bruch muschelig. <u>Tenazität:</u> spröde. <u>Kristallform:</u> orthorhombisch; derb, plattig, faserig. <u>Vorkommen:</u> in Bleilagerstätten. <u>Begleitmineralien:</u> Cerussit, Pyromorphit
Ähnliche Mineralien: Cerussit hat keine Spaltbarkeit; von anderen weißen Mineralien unterscheidet sich Mendipit durch die sehr hohe Dichte.

5 Switzerit

<u>Härte:</u> 2½.
<u>Dichte:</u> 2,95.
<u>Strichfarbe:</u> weiß.
<u>Formel:</u> $(Mn,Fe)_3(PO_4)_2\cdot 4\,H_2O$

<u>Farbe:</u> weiß, rosa, braun; Perlmuttglanz bis Seidenglanz. <u>Spaltbarkeit:</u> vollkommen; Bruch faserig. <u>Tenazität:</u> spröde. <u>Kristallform:</u> monoklin; tafelig, faserig, Rosetten. <u>Vorkommen:</u> in Phosphatpegmatiten. <u>Begleitmineralien:</u> Rockbridgeit, Hureaulith.
Ähnliche Mineralien: Die Paragenese macht Switzerit unverwechselbar.

Fundort/Maßstab

1 Grube Clara, Schwarzwald / 18fach	2 Yukon Territory, Kanada / 12fach
3 Althütte, Bayerischer Wald / 1,5fach	
4 Mendip Hills, Großbritannien / 3fach	5 Foote Mine, Kings Mt., USA / 6fach

1 Fibroferrit O_2

Härte: 2½.
Dichte: 1,9.
Strichfarbe: weiß.
Formel: $FeSO_4OH \cdot 5\,H_2O$

Farbe: blaßgelb; Seidenglanz. Spaltbarkeit: vollkommen; Bruch faserig. Tenazität: spröde. Kristallform: hexagonal; nadelig, faserig, krustig. Vorkommen: in der Oxidationszone. Begleitmineralien: Copiapit, Jarosit.
Ähnliche Mineralien: Vorkommen und Ausbildung von Fibroferrit lassen kaum eine Verwechslung zu; Jarosit und Copiapit sind nie faserig.

2 Artinit 🌀

Härte: wegen der nadeligen Beschaffenheit praktisch nicht feststellbar; ungefähr 2-3.
Dichte: 2,03.
Strichfarbe: weiß.
Formel: $Mg_2[(OH)_2/CO_3]\cdot 3\,H_2O$

Farbe: weiß; Glasglanz bis Seidenglanz. Spaltbarkeit: wegen der nadeligen Beschaffenheit nicht feststellbar; Bruch faserig. Tenazität: spröde. Kristallform: monoklin; nadelige Büschel, radialstrahlig. Vorkommen: auf Klüften von Serpentiniten. Begleitmineralien: Hydromagnesit, Brucit, Dolomit.
Ähnliche Mineralien: Hydromagnesit hat tafelige, Aragonit meist dickere Kristalle; sehr dünnnadelige Aggregate sind von Artinit aber schwer zu unterscheiden.

3 Kryolith 🌀
Eisstein

Härte: 2½-3.
Dichte: 2,95.
Strichfarbe: weiß.
Formel: Na_3AlF_6

Farbe: farblos, weiß, gelblich, schwarz, violett; Glasglanz. Spaltbarkeit: manchmal sichtbar; Bruch uneben. Tenazität: spröde. Kristallform: monoklin würfelähnlich, aber meist derb Vorkommen: in Pegmatiten. Begleitmineralien: Siderit, Fluorit Topas, Bleiglanz.
Ähnliche Mineralien: Fluorit hat eine andere Spaltbarkeit und ist härter; Topas und Ralstonit sind härter.

4 Schulenbergit O_2

Härte: 2.
Dichte: 3,4.
Strichfarbe: weiß.
Formel:
$(Cu,Zn)_7(SO_4,CO_3)_2(OH)_{10}\cdot 3\,H_2O$

Farbe: hellblau; Glasglanz bis Perlmuttglanz. Spaltbarkeit: vollkommen; Bruch blättrig. Tenazität: spröde. Kristallform: trigonal; sechsseitige Blättchen, schuppig, kugelig. Vorkommen: in der Oxidationszone. Begleitmineralien: Serpierit, Linarit.
Ähnliche Mineralien: Devillin ist mit einfachen Mitteln von Schulenbergit nicht zu unterscheiden.

5 Garnierit 🌀

Härte: 2-3.
Dichte: 2,2-2,7.
Strichfarbe: weiß.
Formel: $(Ni,Mg)_6Si_4O_{10}(OH)_8$

Farbe: grün, gelbgrün, blaugrün; Fettglanz bis matt. Spaltbarkeit: keine; Bruch muschelig. Tenazität: spröde. Kristallform: monoklin; derb, nierig. Vorkommen: in Serpentingesteinen. Begleitmineralien: Serpentin, Limonit, Chlorit.
Ähnliche Mineralien: Serpentin ist meist weniger intensiv grün, aber mit einfachen Mitteln von Garnierit oft nicht zu unterscheiden.

Fundort/Maßstab	
1 Lavrion, Griechenland 15fach	2 St. Stephan, Steiermark 3,5fach
3 Ivigtut, Grönland / 3fach	
4 Friedrichssegen, Bad Ems / 15fach	5 Noumea / 3fach

1, 2 Wulfenit O_2
Gelbbleierz

Härte: 3.
Dichte: 6,7–6,9.
Strichfarbe: weiß bis ganz schwach gefärbt.
Formel: $PbMoO_4$

Farbe: gelb bis orangerot, grau, blau; Diamant- bis Harzglanz. Spaltbarkeit: schwach nach der Pyramide; Bruch muschelig. Tenazität: spröde. Kristallform: tetragonal; spitze Pyramiden, dick- bis dünntafelig, nadelig, derb. Vorkommen: in der Oxidationszone. Begleitmineralien: Bleiglanz, Cerussit, Hydrozinkit, Pyromorphit, Smithsonit.

Ähnliche Mineralien: Aussehen und Vorkommen von Wulfenit zusammen mit anderen Blei- und Zinkoxidationsmineralien lassen keine Verwechslung zu.

3 Hannebachit

Härte: 3½.
Dichte: 2,5.
Strichfarbe: weiß.
Formel: $CaSO_3 \cdot \frac{1}{2} H_2O$

Farbe: weiß, farblos; Glasglanz bis Perlmuttglanz. Spaltbarkeit: vollkommen; Bruch blättrig. Tenazität: milde. Kristallform: monoklin; dünntafelig. Vorkommen: in Hohlräumen vulkanischer Gesteine. Begleitmineralien: Calcit, Pyroxen.

Ähnliche Mineralien: Kristallform und Vorkommen von Hannebachit lassen keine Verwechslung zu.

4, 5 Vanadinit O_2

Härte: 3.
Dichte: 6,8–7,1.
Strichfarbe: weiß, gelblich.
Formel: $Pb_5[Cl/(VO_4)_3]$

Farbe: gelb, braun, orange, rot; Diamantglanz, etwas fettig. Spaltbarkeit: keine; Bruch muschelig. Tenazität: spröde. Kristallform: hexagonal; prismatisch bis tafelig, radialstrahlig, kugelig, derb. Vorkommen: in der Oxidationszone. Begleitmineralien: Wulfenit, Kalkspat, Descloizit.

Ähnliche Mineralien: Apatit ist härter; Pyromorphit und Mimetesit sind nicht rot; brauner oder gelber Vanadinit ist mit einfachen Mitteln nicht zu unterscheiden.

Kainit
(ohne Foto)

Härte: 3.
Dichte: 2,10–2,20.
Strichfarbe: weiß.
Formel: $KMgSO_4Cl \cdot H_2O$

Farbe: weiß, rötlich, gelblich, grau, blau, violett; Glasglanz. Spaltbarkeit: vollkommen; Bruch splittrig. Tenazität: spröde. Kristallform: monoklin; dicktafelig, oft flächenreich, derb. Vorkommen: in Salzlagerstätten. Begleitmineralien: Sylvin, Steinsalz. Besondere Eigenschaften: schmeckt bitter salzig.

Ähnliche Mineralien: Kristallform und Geschmack unterscheiden Kainit von Steinsalz und Sylvin.

Fundort/Maßstab

1 Bleiberg, Kärnten, Österreich / 6fach	
2 Los Lamentos, Mexiko 4fach	3 Hannebacher Ley, Eifel 15fach
4 Mibladen, Marokko 1,5fach	5 Mibladen, Marokko 3fach

1 Hydroboracit ✠

Härte: 2–3.
Dichte: 2,2.
Strichfarbe: weiß.
Formel: $CaMgB_6O_{11} \cdot 6\,H_2O$

Farbe: weiß, bräunlich; Glasglanz. Spaltbarkeit: vollkommen; Bruch uneben. Tenazität: spröde. Kristallform: monoklin; nadelig, radialstrahlig, feinkörnig, derb. Begleitmineralien: Steinsalz, Anhydrit. Vorkommen: in Salzlagerstätten.
Ähnliche Mineralien: Die Paragenese macht nadeligen Hydroboracit unverwechselbar.

2 Valentinit O_2
Antimonblüte
Härte: 2–3.
Dichte: 5,6–5,8.
Strichfarbe: weiß.
Formel: Sb_2O_3

Farbe: farblos, weiß, gelblich, grau; Diamantglanz, auf Spaltflächen Perlmuttglanz. Spaltbarkeit: vollkommen; Bruch uneben. Tenazität: milde, zerbrechlich. Kristallform: orthorhombisch; prismatisch bis nadelig, strahlig, körnig, faserig, derb. Vorkommen: in der Oxidationszone. Begleitmineralien: Antimonit, Senarmontit.
Ähnliche Mineralien: Der hohe Glanz und die nadelige Ausbildung sowie die Paragenese mit Antimonit machen Valentinit unverwechselbar.

3, 4 Phosgenit O_2
Bleihornerz
Härte: 2½–3.
Dichte: 6,0–6,3.
Strichfarbe: weiß.
Formel: $Pb_2[Cl_2/CO_3]$

Farbe: farblos, weiß, grau, gelb; Fett- bis Diamantglanz. Spaltbarkeit: vollkommen; Bruch muschelig. Tenazität: milde. Kristallform: tetragonal; kurzsäulig, tafelig. Vorkommen: in der Oxidationszone. Begleitmineralien: Cerussit, Anglesit.
Ähnliche Mineralien: Cerussit hat eine andere Kristallform.

5 Stolzit O_2
Scheelbleierz
Härte: 3.
Dichte: 7,9–8,2.
Strichfarbe: weiß bis gelblich.
Formel: $PbWO_4$

Farbe: gelb, braun, grau; Fettglanz. Spaltbarkeit: keine; Bruch muschelig. Tenazität: spröde. Kristallform: tetragonal; dipyramidal, Kanten oft gekrümmt, derb. Vorkommen: in der Oxidationszone. Begleitmineralien: Quarz, Raspit, Fluorit.
Ähnliche Mineralien: Scheelit fluoresziert im Gegensatz zu Stolzit im UV-Licht; Wulfenit ist mit einfachen Mitteln nicht leicht zu unterscheiden.

6 Anglesit O_2
Härte: 3.
Dichte: 6,3.
Strichfarbe: weiß.
Formel: $PbSO_4$

Farbe: farblos, weiß, gelblich, bräunlich, grau; Diamantglanz bis Fettglanz. Spaltbarkeit: nach der Basis sichtbar; Bruch muschelig. Tenazität: spröde. Kristallform: orthorhombisch; tafelig, prismatisch, dipyramidal, körnig, krustig, derb. Vorkommen: in der Oxidationszone. Begleitmineralien: Cerussit, Bleiglanz, Phosgenit.
Ähnliche Mineralien: Schwerspat hat eine bessere Spaltbarkeit; Cerussit zeigt im Gegensatz zu Anglesit meist Zwillinge und Drillinge.

Fundort/Maßstab

1 Staßfurt, DDR / 1fach	2 Příbram, Böhmen 3,5fach
3 Lavrion, Griechenland 12fach	4 Montepони, Sardinien 1,5fach
5 Zinnwald, Böhmen 11fach	6 Touïssit, Marokko 3fach

1, 2 Silber

Härte: 2½–3.
Dichte: 9,6–12.
Strichfarbe: silberweiß, metallisch.
Formel: Ag

Farbe: silberweiß, oft gelblich oder schwärzlich angelaufen; Metallglanz. Spaltbarkeit: keine; Bruch hakig. Tenazität: milde, sehr dehnbar, kann zu Plättchen gehämmert werden. Kristallform: kubisch; vorherrschend Würfel, skelettförmig, blech- und drahtförmig, derb, eingewachsen. Vorkommen: in verschieden temperierten hydrothermalen Gängen; selten primär, meist sekundär als Zementationsbildung, in schwarzen Schiefern. Begleitmineralien: Silberglanz, Pyrargyrit, Proustit, Bleiglanz, Cerussit, Calcit.
Ähnliche Mineralien: Bleiglanz und andere silbergraue Mineralien sind mit Ausnahme von Silberglanz nicht zu Plättchen hämmerbar; Silberglanz hat einen dunkleren Strich.

3 Raspit O_2

Härte: 2½–3.
Dichte: 8,5.
Strichfarbe: weiß.
Formel: $PbWO_4$

Farbe: gelb, gelbbraun; Diamantglanz. Spaltbarkeit: vollkommen; Bruch uneben. Tenazität: spröde. Kristallform: monoklin; dicktafelig. Vorkommen: in der Oxidationszone. Begleitmineralien: Stolzit, Scheelit.
Ähnliche Mineralien: Stolzit und Scheelit haben eine andere Kristallform.

4 Biotit

Härte: 2½–3.
Dichte: 2,8–3,2.
Strichfarbe: weiß.
Formel: $K(Mg,Fe)_3[(OH)_2/(Al,Fe)Si_3O_{10}]$

Farbe: dunkelbraun, dunkelgrün, schwarz, rötlich; Perlmuttglanz. Spaltbarkeit: nach der Basis äußerst vollkommen; Bruch blättrig. Tenazität: milde, Blättchen biegsam. Kristallform: monoklin; tafelig, sechsseitig, rosettenförmig, selten prismatisch, Blättchen, Schuppen. Vorkommen: in Graniten, Pegmatiten, Gneisen, Glimmerschiefern, Dioriten, Hornfelsen, vulkanischen Gesteinen, aufgewachsen auf Klüften der genannten Gesteine. Begleitmineralien: Quarz, Muskovit, Feldspat.
Ähnliche Mineralien: Chlorit und Talk sind weicher; Muskovit hat eine andere Farbe; Phlogopit ist nicht immer ohne weiteres von Biotit zu unterscheiden, kommt aber in anderen Paragenesen vor.

Fundort/Maßstab	
1 Urberg, Schwarzwald / 8fach	
2 Guanajuato, Mexiko 10fach	3 Broken Hill, Australien 15fach
4 Katzenbuckel, Odenwald / 4,5fach	

1 Matlockit O₂

Härte: 2½-3.
Dichte: 7,10.
Strichfarbe: weiß.
Formel: PbFCl

Farbe: farblos, weiß, gelb; Glasglanz. Spaltbarkeit: vollkommen; Bruch uneben. Tenazität: spröde. Kristallform: tetragonal; dünntafelig, pyramidal, selten derb. Vorkommen: in Bleilagerstätten, in antiken Bleischlacken. Begleitmineralien: Cerussit, Laurionit, Paralaurionit.
Ähnliche Mineralien: Kristallform und Paragenese machen Matlockit unverwechselbar.

2 Liebigit O₂

Härte: 2½-3.
Dichte: 2,4.
Strichfarbe: weiß.
Formel: Ca₂UO₂(CO₃)₃·10 H₂O

Farbe: gelb, grünlichgelb; Glasglanz. Spaltbarkeit: erkennbar; Bruch uneben. Tenazität: spröde. Kristallform: orthorhombisch; prismatisch, tafelig, krustig, nierig, derb. Besondere Eigenschaft: fluoresziert grün. Vorkommen: in der Oxidationszone. Begleitmineralien: Uranoxidationsminerale.
Ähnliche Mineralien: Autunit, Heinrichit und Novacekit haben alle eine vollkommene Spaltbarkeit.

3 Leadhillit O₂

Härte: 2½.
Dichte: 6,45-6,55.
Strichfarbe: weiß.
Formel: Pb₄[(OH)₂/SO₄/(CO₃)₂]

Farbe: farblos, weiß, gelblich, bräunlich, grau; Fettglanz bis Perlmuttglanz. Spaltbarkeit: nach der Basis vollkommen; Bruch muschelig. Tenazität: spröde. Kristallform: monoklin; pseudohexagonale Tafeln, körnig, krustig, schalig. Vorkommen: in der Oxidationszone. Begleitmineralien: Bleiglanz, Anglesit, Cerussit, Phosgenit.
Ähnliche Mineralien: Cerussit ist härter und hat eine viel schlechtere Spaltbarkeit; Anglesit ist manchmal nur schwer von Leadhillit zu unterscheiden.

4 Lepidolith

Härte: 2-2½.
Dichte: 2,8-2,9.
Strichfarbe: weiß.
Formel: KLi₂Al[(F,OH)₂/Si₄O₁₀]

Farbe: rosa, rosaviolett, rötlich; Glasglanz. Spaltbarkeit: nach der Basis äußerst vollkommen; Bruch blättrig. Tenazität: dünne Blättchen biegsam. Kristallform: monoklin; tafelig, blättrig, schuppig, dicht. Vorkommen: in Pegmatiten, in pneumatolytischen Gängen. Begleitmineralien: Turmalin, Feldspat, Quarz.
Ähnliche Mineralien: Manganhaltiger Glimmer kann auch rosa sein (Alurgit), kommt aber im Gegensatz zu Lepidolith immer in metamorpher Umgebung vor.

5 Duftit O₂

Härte: 3.
Dichte: 6,4.
Strichfarbe: weißlich.
Formel: CuPbAsO₄OH

Farbe: grün; Glasglanz. Spaltbarkeit: nicht erkennbar; Bruch uneben. Tenazität: spröde. Kristallform: orthorhombisch; dicktafelig, krustig. Vorkommen: in der Oxidationszone. Begleitmineralien: Cerussit, Azurit.
Ähnliche Mineralien: Olivenit hat eine andere Kristallform; Konichalcit ist mehr apfelgrün.

Fundort/Maßstab

1 Lavrion, Griechenland 20fach	2 Yellow Cat District, Utah, USA / 12fach
3 Leadhills, Schottland / 15fach	
4 Varuträsk, Schweden 4fach	5 Tsumeb, Namibia 12fach

1 Embolit O₂

Härte: 2½–3.
Dichte: 5,8.
Strichfarbe: weiß.
Formel: Ag(Cl,Br)

Farbe: grau, gelblich, grünlich; Harzglanz bis Diamantglanz. Spaltbarkeit: keine; Bruch muschelig. Tenazität: schneidbar, sehr plastisch. Kristallform: kubisch; Oktaeder, Rhombendodekaeder, krustig, derb. Begleitmineralien: Chlorargyrit, Silber.
Ähnliche Mineralien Chlorargyrit ist mit einfachen Mitteln von Embolit oft nicht zu unterscheiden.

2 Köttigit O₂

Härte: 2½–3.
Dichte: 3,3.
Strichfarbe: weiß.
Formel: $Zn_3(AsO_4)_2 \cdot 8 H_2O$

Farbe: weiß, grau, braun, rötlich; Glasglanz. Spaltbarkeit: vollkommen; Bruch uneben. Tenazität: leicht biegsam. Kristallform: monoklin; prismatisch, langtafelig, radialstrahlig, derb. Vorkommen: in der Oxidationszone. Begleitmineralien: Zinkmineralien.
Ähnliche Mineralien: Die Paragenese und Kristallform von Köttigit lassen keine Verwechslung zu.

3 Gibbsit O₂

Härte: 2½–3½.
Dichte: 2,4.
Strichfarbe: weiß.
Formel: $Al(OH)_3$

Farbe: weiß, hellblau, grünlich, grau; Glasglanz. Spaltbarkeit: meist nicht erkennbar; Bruch uneben. Tenazität: spröde. Kristallform: monoklin; tafelig, Kristalle sehr selten, derb, nierig, krustig. Vorkommen: in der Oxidationszone. Begleitmineralien: Azurit, Hydrozinkit, Aurichalcit, Limonit, Gips.
Ähnliche Mineralien: Glaukokerinit ist deutlich weicher.

4 Zinnwaldit

Härte: 2½–4.
Dichte: 2,9–3,3.
Strichfarbe: weiß.
Formel: $K(Li,Al,Fe)_3(Al,Si)_4O_{10}(OH,F)_2$

Farbe: silbergrau bis grünlich; Glasglanz. Spaltbarkeit: vollkommen; Bruch blättrig. Tenazität: biegsam. Kristallform: monoklin; tafelig, blättrig. Vorkommen: in Pegmatiten und Zinnlagerstätten. Begleitmineralien: Topas, Zinnstein, Feldspat, Flußspat.
Ähnliche Mineralien: Muskovit ist mit einfachen Mitteln von Zinnwaldit nicht zu unterscheiden, die Paragenese gibt jedoch Hinweise; Biotit und Phlogopit sind mehr braun oder schwarz; Lepidolith mehr rosa.

5 Kernit

Härte: 2½–3.
Dichte: 1,9.
Strichfarbe: weiß.
Formel: $Na_2B_4O_7 \cdot 4 H_2O$

Farbe: farblos, weiß; Glasglanz bis Seidenglanz. Spaltbarkeit: vollkommen; Bruch splittrig. Tenazität: spröde. Kristallform: monoklin; selten dicktafelig, derb, strahlig, plattige Massen. Vorkommen: in Boratlagerstätten. Begleitmineralien: Colemanit, Borax.
Ähnliche Mineralien: Die vollkommene Spaltbarkeit unterscheidet Kernit von anderen Boratmineralien.

Fundort/Maßstab

1 Broken Hill, Australien 8fach	2 Mina Ojuela, Mexiko 8fach
3 Lavrion, Griechenland / 4fach	
4 Zinnwald, Böhmen 1fach	5 Kern County, Kalifornien, USA / 4fach

1 Astrophyllit

Härte: 3.
Dichte: 3,3–3,4.
Strichfarbe: weiß.
Formel:
$(K,Na)_3(Fe,Mn)_7Ti_2Si_8O_{24}(O,OH)_7$

Farbe: gelblich, grünlicholiv; metallischer Glasglanz. Spaltbarkeit: vollkommen; Bruch blättrig. Tenazität: spröde. Kristallform: triklin; tafelig, blättrig, oft strahlig verwachsen. Vorkommen: in Alkaligesteinen und deren Pegmatiten. Begleitmineralien: Quarz, Feldspat, Aegirin.
Ähnliche Mineralien: Farbe und Kristallform unterscheiden Astrophyllit von Muskovit, Phlogopit, Biotit.

2 Stewartit

Härte: 3.
Dichte: 2,46.
Strichfarbe: weiß
Formel: $MnFe_2|OH/PO_4|_2 \cdot 8\,H_2O$

Farbe: gelb, orange, grünlichgelb; Glasglanz. Spaltbarkeit: keine; Bruch uneben. Tenazität: spröde. Kristallform: monoklin; dünntafelig, spitz, radialstrahlig. Vorkommen: in Phosphatpegmatiten. Begleitmineralien: Laueit, Strunzit, Pseudolaueit, Beraunit, Rockbridgeit.
Ähnliche Mineralien: Laueit ist immer dicktafeliger und hat eine andere Kristallform.

3 Weinschenkit $\oplus$ O₂

Härte: 3.
Dichte: 3,3.
Strichfarbe: weiß.
Formel: $(Y,Er)PO_4 \cdot 2\,H_2O$

Farbe: weiß; Glasglanz bis Seidenglanz. Spaltbarkeit: nicht erkennbar; Bruch faserig. Tenazität: spröde. Kristallform: monoklin; nadelig, faserig. Vorkommen: in Phosphatlagerstätten. Begleitmineralien: Limonit, Kakoxen, Beraunit.
Ähnliche Mineralien: Wavellit ist fast nie so feinfaserig wie Weinschenkit, er läßt meist noch Endflächen erkennen.

4 Strunzit

Härte: 4.
Dichte: 2,52.
Strichfarbe: weiß.
Formel: $MnFe_2|OH/PO_4|_2 \cdot 8\,H_2O$

Farbe: strohgelb; Glasglanz. Spaltbarkeit: keine; Bruch uneben. Tenazität: spröde. Kristallform: triklin; nadelig bis haarförmig, sehr selten prismatisch. Vorkommen: in Phosphatpegmatiten. Begleitmineralien: Beraunit, Rockbridgeit, Laueit, Stewartit, Pseudolaueit.
Ähnliche Mineralien: Kakoxen ist mehr goldgelb, aber nicht immer leicht von Strunzit zu unterscheiden.

Fundort/Maßstab

1 Mt. St. Hilaire, Kanada / 10fach	
2 Hagendorf, Ostbayern 12fach	3 Auerbach, Oberpfalz 12fach
4 Hagendorf, Ostbayern / 10fach	

1, 2, 3, 4 Kalkspat ⊗
Calcit

Härte: 3.
Dichte: 2,6–2,8.
Strichfarbe: weiß.
Formel: $CaCO_3$

Farbe: farblos, weiß, gelb, braun; durch Fremdbeimengungen vielfältig gefärbt; Glasglanz. Spaltbarkeit: sehr vollkommen nach dem Grundrhomboeder; Bruch muschelig. Tenazität: spröde. Kristallform: trigonal; Skalenoeder, Rhomboeder und Prisma mit Basis; Habitus prismatisch, linsenförmig, nadelig, tafelig; oft auch strahlig, kugelig, nierig, spätig, derb. Vorkommen: in Drusen von Erzgängen, Blasenhohlräumen von vulkanischen Gesteinen, auf Klüften und in Drusen von Karbonatgesteinen, als Gangart von vielen hydrothermalen Gängen, gesteinsbildend: magmatisch in Karbonatiten, sedimentär in Kalksteinen; metamorph in Marmoren. Begleitmineralien: Dolomit, Quarz, Erzmineralien und viele andere. Besondere Eigenschaften: braust beim Betupfen mit verdünnter Salzsäure.
Ähnliche Mineralien: Dolomit braust im Gegensatz zu Kalkspat nur mit heißer Salzsäure; Quarz ist härter; Gips weicher; Anhydrit braust nicht mit Salzsäure.

Whitlockit ⊗ ✪
(ohne Foto)

Härte: 3.
Dichte: 3,12.
Stichfarbe: weiß.
Formel: $Ca_3[PO_4]_2$

Farbe: farblos bis weiß; Glasglanz. Spaltbarkeit: keine; Bruch muschelig. Tenazität: spröde Kristallform: trigonal; rhomboedrisch, oft flächenreich, derbe Massen, oft oberflächlich angelöst. Vorkommen: in Phosphatpegmatiten und Meteoriten. Begleitmineralien: Siderit, Childrenit, Strunzit.
Ähnliche Mineralien: Kalkspat und Flußspat haben beide eine ausgezeichnete Spaltbarkeit Quarz ist härter.

Polyhalit ⊕
(ohne Foto)

Härte: 3.
Dichte: 2,78.
Strichfarbe: weiß.
Formel: $K_2MgCa_2(SO_4)_4 \cdot 2\,H_2O$

Farbe: rötlich, weiß, grau; Glasglanz bis Harzglanz. Spaltbarkeit: vollkommen; Bruch faserig. Tenazität: spröde. Kristallform: triklin; faserig, derb. Vorkommen: in Salzlagerstätten. Begleitmineralien: Gips, Steinsalz, Sylvin.
Ähnliche Mineralien: Gips hat eine andere Kristallform und ist weicher.

Fundort/Maßstab

1 Egremont, Cumberland, Großbritannien / 1fach	
2 Viterbo, Italien / 5fach	3 Bou Skour, Marokko 5fach
4 Matlock-Bath, Großbritannien / 0,75fach	

1

2|3

4

1, 2 Pachnolith

Härte: 3.
Dichte: 2,98.
Strichfarbe: weiß.
Formel: $CaNaAlF_6 \cdot H_2O$

Farbe: farblos, weiß, bräunlich durch Limonit; Glasglanz. Spaltbarkeit: kaum erkennbar; Bruch muschelig. Tenazität: spröde. Kristallform: monoklin; prismatisch, mit spitzpyramidalen Endflächen, selten tafelig. Vorkommen: auf Drusen in Pegmatiten. Begleitmineralien: Thomsenolith, Ralstonit, Kryolith.
Ähnliche Mineralien: Thomsenolith hat eine bessere Spaltbarkeit und zeigt meist deutlich monokline, einseitig schiefe Kristalle.

3 Laueit

Härte: 3.
Dichte: 2,49.
Strichfarbe: weiß bis gelblich.
Formel: $MnFe_2[OH/PO_4]_2 \cdot 8\,H_2O$

Farbe: gelb, orangegelb, honigbraun; Glasglanz. Spaltbarkeit: wenig sichtbar; Bruch muschelig. Tenazität: spröde. Kristallform: triklin; prismatisch bis dicktafelig, Krusten. Vorkommen: in Phosphatpegmatiten. Begleitmineralien: Strunzit, Stewartit, Pseudolaueit, Beraunit.
Ähnliche Mineralien: Stewartit hat eine andere Kristallform und ist viel dünntafeliger; Pseudolaueit hat ebenfalls eine andere Kristallform.

4, 5 Paralaurionit O_2

Härte: 3.
Dichte: 6,2.
Strichfarbe: weiß.
Formel: PbClOH

Farbe: farblos, weiß, gelb; Glasglanz bis Diamantglanz. Spaltbarkeit: vollkommen; Bruch faserig. Tenazität: milde, unelastisch biegsam. Kristallform: monoklin; langtafelig, prismatisch, dünntafelig, nadelig. Vorkommen: in der Oxidationszone und antiken Bleischlacken. Begleitmineralien: Phosgenit, Laurionit, Fiedlerit.
Ähnliche Mineralien: Laurionit ist spröde; Fiedlerit hat eine andere Kristallform.

Glauberit
(ohne Foto)

Härte: 3.
Dichte: 2,8.
Strichfarbe: weiß.
Formel: $Na_2Ca(SO_4)_2$

Farbe: farblos, weiß, grau, gelblich; Glasglanz. Spaltbarkeit: vollkommen; Bruch muschelig. Tenazität: spröde. Kristallform: monoklin; tafelig, prismatisch. Vorkommen: in Salzlagerstätten und Sedimenten. Begleitmineralien: Steinsalz, Sylvin, Gips.
Ähnliche Mineralien: Gips ist weicher.

Fundort/Maßstab

1 Ivigtut, Grönland / 5fach	**2** Ivigtut, Grönland / 10fach
3 Hagendorf, Ostbayern / 10fach	
4 Lavrion, Griechenland 8fach	**5** Lavrion, Griechenland 12fach

1 Shortit ⊕

Härte: 3.
Dichte: 2,6.
Strichfarbe: weiß.
Formel: $Na_2Ca_2(CO_3)_3$

Farbe: weiß, farblos, blaßgelb; Glasglanz. Spaltbarkeit: schlecht; Bruch muschelig. Tenazität: spröde. Kristallform: orthorhombisch; dicktafelig bis kurzprismatisch. Vorkommen: eingewachsen in Tongesteinen. Begleitmineralien: Calcit, Pyrit.
Ähnliche Mineralien: Calcit zeigt eine andere Kristallform.

2 Rauenthalit O_2

Härte: 3.
Dichte: 2,38.
Strichfarbe: weiß.
Formel: $Ca_3(AsO_4)_2 \cdot 10\ H_2O$

Farbe: farblos, weiß; Glasglanz. Spaltbarkeit: nicht erkennbar; Bruch uneben. Tenazität: spröde. Kristallform: triklin; nadelig, kugelig. Vorkommen: in der Oxidationszone. Begleitmineralien: Pikropharmakolith, Pharmakolith.
Ähnliche Mineralien: Der viel häufigere Pikropharmakolith ist im direkten Vergleich mit Rauenthalit zwar viel langnadeliger, sonst aber schwer zu unterscheiden.

3 Klebelsbergit O_2

Härte: 3.
Dichte: 3,5.
Strichfarbe: weiß.
Formel: $Sb_4O_4(OH)_2SO_4$

Farbe: weiß bis gelb; Glasglanz. Spaltbarkeit: nicht erkennbar; Bruch uneben. Tenazität: spröde. Kristallform: orthorhombisch; nadelig, langtafelig, oft längsgestreift, radialstrahlig. Vorkommen: in der Oxidationszone. Begleitmineralien: Antimonit, Valentinit.
Ähnliche Mineralien: Bei Beachtung der Paragenese mit Antimonit ist Klebelsbergit unverwechselbar; Valentinitkristalle sind dicker und nicht längsgestreift.

4 Pseudolaueit ⊗

Härte: 3.
Dichte: 2,5.
Strichfarbe: weiß.
Formel: $MnFe_2(PO_4)_2(OH)_2 \cdot 8\ H_2O$

Farbe: gelb bis gelbbraun; Glasglanz. Spaltbarkeit: keine; Bruch uneben. Tenazität: spröde. Kristallform: monoklin; dicktafelig. Vorkommen: in Phosphatpegmatiten. Begleitmineralien: Laueit, Strunzit, Stewartit, Beraunit.
Ähnliche Mineralien: Die abgebildete Kristallform von Pseudolaueit ist unverwechselbar.

5 Paravauxit O_2

Härte: 3.
Dichte: 2,38.
Strichfarbe: weiß.
Formel: $FeAl_2(PO_4)_2(OH)_2 \cdot 8\ H_2O$

Farbe: farblos bis grünlichweiß; Glasglanz. Spaltbarkeit: vollkommen; Bruch muschelig. Tenazität: spröde. Kristallform: triklin; tafelig bis kurzprismatisch, radialstrahlig. Vorkommen: in der Oxidationszone. Begleitmineralien: Wavellit, Quarz.
Ähnliche Mineralien: Laueit hat eine andere Farbe.

Fundort/Maßstab

1 Uintah County, Utah, USA / 8fach	2 Markirch, Elsaß 15fach
3 Pereta, Toskana, Italien / 10fach	
4 Hagendorf, Ostbayern 15fach	5 Llallagua, Bolivien 12fach

1 Zeophyllit

Härte: 3.
Dichte: 2,6–2,7.
Strichfarbe: weiß.
Formel: $Ca_4(Si_3O_7)(OH)_4F_2$

Farbe: weiß; Perlmuttglanz. Spaltbarkeit: vollkommen; Bruch blättrig. Tenazität: spröde. Kristallform: triklin; tafelig, nierig, krustig. Vorkommen: in Hohlräumen vulkanischer Gesteine. Begleitmineralien: Calcit, Phillipsit.
Ähnliche Mineralien: Bei Beachtung der Paragenese und blättrigen Spaltbarkeit von Zeophyllit gibt es keine Verwechslungsmöglichkeiten.

2 Böhmit O_2

Härte: 3.
Dichte: 3,07.
Strichfarbe: weiß.
Formel: AlOOH

Farbe: weiß, braun; matt. Spaltbarkeit: meist nicht erkennbar; Bruch uneben, erdig. Tenazität: spröde. Kristallform: orthorhombisch; tafelig, massiv, erdig. Begleitmineralien: Limonit, Diaspor. Vorkommen: Hauptkomponente von Bauxit.
Ähnliche Mineralien: Von Diaspor ist Böhmit mit einfachen Mitteln nicht zu unterscheiden.

3,4,5 Schwerspat

Baryt
Härte: 3–3½.
Dichte: 4,48.
Strichfarbe: weiß.
Formel: $BaSO_4$

Farbe: farblos, weiß, gelb, rötlich, blau; Perlmuttglanz. Spaltbarkeit: nach der Basis vollkommen; Bruch muschelig. Tenazität: spröde. Kristallform: orthorhombisch; tafelig, seltener prismatisch, fächerförmig und hahnenkammartig, in Sanden auch blütenförmig, spätig, oft derb. Vorkommen: als Gangart in hydrothermalen Gängen, dort in Drusen oft schöne Kristalle als Konkretionen in Sandsteinen und anderen Sedimenten. Begleitmineralien: Kalkspat, Quarz, Flußspat, Erzmineralien
Ähnliche Mineralien: Quarz und Feldspat sind härter; Gips, Kalkspat und Aragonit viel leichter, derber Coelestin läßt sich manchmal nicht ganz leicht vor Schwerspat unterscheiden, ist aber etwas leichter.

6 Scholzit O_2

Härte: 3–4.
Dichte: 3,11.
Strichfarbe: weiß.
Formel:
$CaZn_2[PO_4]_2 \cdot 2H_2O$

Farbe: farblos, weiß, gelblich; Glasglanz. Spaltbarkeit: kaum sichtbar; Bruch muschelig. Tenazität: spröde. Kristallform: orthorhombisch; tafelig bis nadelig, strahlig. Vorkommen: in Phosphatpegmatiten. Begleitmineralien: Phosphophyllit, Hopeit, Parahopeit, Tarbuttit.
Ähnliche Mineralien: Bei Beachtung der Paragenese mit zinkhaltigen Mineralien und Phosphaten ist eine Verwechslung kaum möglich.

Fundort/Maßstab	
1 Schellkopf, Eifel 15fach	2 Les Baux, Frankreich 1,5fach
3 Lengenbach, Schweiz 8fach	4 Frizington, Cumberland / 1,5fach
5 Grube Clara, Schwarzwald / 2,5fach	6 Hagendorf, Ostbayern 15fach

1 Witherit

Härte: 3½.
Dichte: 4,28.
Strichfarbe: weiß.
Formel: $BaCO_3$

Farbe: farblos, weiß, grau, gelbweiß; Glasglanz bis matt. Spaltbarkeit: erkennbar; Bruch uneben. Tenazität: spröde. Kristallform: orthorhombisch; scheinbar hexagonale Dipyramiden, strahlig, nierig, faserig, blättrig, derb. Vorkommen: in hydrothermalen Erzgängen. Begleitmineralien: Kalkspat, Bleiglanz.
Ähnliche Mineralien: Von Strontianit unterscheidet sich Witherit durch die Kristallform, in derben Stücken ist die Unterscheidung manchmal nicht möglich; Aragonit und Kalkspat brausen bereits mit kalter verdünnter Salzsäure.

2 Phosphophyllit O_2

Härte: 3½.
Dichte: 3,1.
Strichfarbe: weiß.
Formel:
$Zn_2Fe[PO_4]_2 \cdot 4H_2O$

Farbe: farblos, weiß, grün, blaugrün; Glasglanz. Spaltbarkeit: vollkommen; Bruch uneben. Tenazität: spröde. Kristallform: monoklin; skalenoederähnlich, selten tafelig, derbe, spätige Massen, oft V-förmige Zwillinge. Vorkommen: in Phosphatpegmatiten; auf Erzgängen. Begleitmineralien: Hopeit, Parahopeit, Scholzit, Mitridatit, Schoonerit.
Ähnliche Mineralien: Kalkspat braust beim Betupfen mit Salzsäure.

3,4 Coelestin

Härte: 3–3½.
Dichte: 3,9–4,0.
Strichfarbe: weiß.
Formel: $SrSO_4$

Farbe: farblos, weiß, blau, rötlich, grünlich, bräunlich; Glasglanz, auf Spaltflächen Perlmuttglanz. Spaltbarkeit: nach der Basis vollkommen, zwei weitere Spaltrichtungen sind viel schlechter; Bruch uneben. Tenazität: spröde. Kristallform: orthorhombisch; dünn- bis dicktafelig, prismatisch, radialstrahlig, stengelig, faserig, körnig, erdig. Vorkommen: in hydrothermalen Gängen und Blasenhohlräumen vulkanischer Gesteine, als Spalten- und Drusenfüllungen in Kalken und Mergeln, in sedimentären Lagen in Kalksteinen. Begleitmineralien: Kalkspat, Pyrit, Hamlinit, Schwerspat.
Ähnliche Mineralien: Schwerspat hat eine größere Dichte; Kalkspat braust mit Salzsäure; Gips ist weicher.

Fundort/Maßstab

1 Hardenstein, Sachsen / 2fach	
2 Hagendorf, Ostbayern 10fach	3 Tarnobrzeg, Polen 4fach
4 Eschenlohe, Bayern / 6fach	

1, 2, 3 Cerussit O_2
Weißbleierz

Härte: 3-3½.
Dichte: 6,4-6.6
Strichfarbe: weiß.
Formel: $PbCO_3$

Farbe: farblos, weiß, grau, gelb, braun, schwärzlich (durch Einlagerungen von Bleiglanz = Schwarzbleierz); Fett- bis Diamantglanz. Spaltbarkeit: schlecht erkennbar; Bruch muschelig. Tenazität: spröde. Kristallform: orthorhombisch; prismatisch, isometrisch, tafelig, nierig, krustig, erdig; oft knieförmige Zwillinge, durch mehrmalige Verzwillingung sternförmige und wabenartige Gebilde. Vorkommen: in der Oxidationszone. Begleitmineralien: Bleiglanz, Pyromorphit, Smithsonit, Hemimorphit.

Ähnliche Mineralien: Kalkspat und Aragonit lösen sich in verdünnter Salzsäure; die häufige charakteristische Verzwillingung unterscheidet Cerussit von allen anderen Mineralien.

4 Ferrierit ⬤
Härte: 3-3½.
Dichte: 2,1.
Strichfarbe: weiß.
Formel:
$(Na,K)_2MgAl_3Si_{15}O_{36}OH \cdot 9 H_2O$

Farbe: weiß, rötlich; Glasglanz. Spaltbarkeit: nicht erkennbar; Bruch uneben. Tenazität: spröde. Kristallform: orthorhombisch; nadelig, radialstrahlig. Vorkommen: in Hohlräumen vulkanischer Gesteine. Begleitmineralien: Calcit, Heulandit.

Ähnliche Mineralien: Von Natrolith und Skolezit ist Ferrierit mit einfachen Mitteln nicht zu unterscheiden.

5 Newberyit O_2
Härte: 3-3½.
Dichte: 2,10.
Strichfarbe: weiß.
Formel: $MgHPO_4 \cdot 3 H_2O$

Farbe: farblos, grau, braun; Glasglanz. Spaltbarkeit: vollkommen; Bruch uneben. Tenazität: spröde. Kristallform: orthorhombisch; tafelig, prismatisch, tafelig. Vorkommen: in Fledermaushöhlen. Begleitmineralien: Hannayit, Struvit.

Ähnliche Mineralien: Hannayit ist viel weicher.

Anhydrit ⊕ ⊘
(ohne Foto)

Härte: 3-3½.
Dichte: 2,98.
Strichfarbe: weiß.
Formel: $CaSO_4$.

Farbe: farblos, weiß, grau, blau; Glasglanz. Spaltbarkeit: vollkommen, Spaltkörper quaderförmig mit rechten Winkeln; Bruch spätig. Tenazität: spröde. Kristallform: orthorhombisch; tafelig, körnig, spätig, derb. Vorkommen: in Salzlagerstätten, Sedimenten, hydrothermalen Gängen, auf alpinen Klüften. Begleitmineralien: Gips, Steinsalz.

Ähnliche Mineralien: Die charakteristische Spaltbarkeit macht Anhydrit unverwechselbar.

Fundort/Maßstab

1 Anarak, Iran / 4,5fach	
2 Mibladen, Marokko 5fach	3 Flux Mine, Arizona, USA / 5fach
4 Sassari, Sardinien 6fach	5 Skipton Cave, Australien / 4fach

1, 2 Laurionit O_2

Härte: 3-3½.
Dichte: 6,10-6,24.
Strichfarbe: weiß.
Formel: PbOHCl

Farbe: farblos bis weiß; Glasglanz bis Diamantglanz. Spaltbarkeit: kaum erkennbar; Bruch uneben. Tenazität: spröde. Kristallform: orthorhombisch; langtafelig bis nadelig, mit typischer V-förmigen Streifung. Vorkommen: in Hohlräumen antiker Bleischlacken. Begleitmineralien: Fiedlerit, Paralaurionit, Cerussit.
Ähnliche Mineralien: Paralaurionit ist nicht spröde.

3 Weloganit

Härte: 3½.
Dichte: 3,2.
Strichfarbe: weiß.
Formel: $Sr_5Zr_2C_9H_8O_{31}$

Farbe: weiß, gelblich; Glasglanz. Spaltbarkeit: vollkommen; Bruch muschelig. Kristallform: hexagonal; nach einem Ende zulaufende Kristalle. Vorkommen: in Alkaligesteinen. Begleitmineralien: Strontianit, Dawsonit.
Ähnliche Mineralien: Die charakteristische Kristallform von Weloganit läßt keine Verwechslung zu.

4 Vauxit O_2

Härte: 3½.
Dichte: 2,4.
Strichfarbe: weiß.
Formel: $FeAl_2(PO_4)_2(OH)_2 \cdot 6H_2O$

Farbe: blau; Glasglanz. Spaltbarkeit: keine; Bruch muschelig. Tenazität: spröde. Kristallform: triklin; tafelig, radialstrahlig, kugelig. Vorkommen: in der Oxidationszone. Begleitmineralien: Paravauxit, Wavellit, Zinnstein.
Ähnliche Mineralien: Die Farbe und charakteristische Paragenese von Vauxit lassen keine Verwechslung zu.

5 Thaumasit

Härte: 3½.
Dichte: 1,91.
Strichfarbe: weiß.
Formel: $Ca_3Si(OH)_6(CO_3)(SO_4) \cdot 12H_2O$

Farbe: weiß, farblos; Glasglanz bis Seidenglanz. Spaltbarkeit: keine; Bruch muschelig. Tenazität: spröde. Kristallform: hexagonal; feinnadelig, derb. Vorkommen: in Hohlräumen von vulkanischen Gesteinen. Begleitmineralien: Ettringit, Calcit.
Ähnliche Mineralien: Ettringit ist meist nicht so feinnadelig, aber oft nur schwer von Thaumasit zu unterscheiden.

Phosphoferrit
(ohne Foto)

Härte: 3-3½.
Dichte: 3,29.
Strichfarbe: weiß.
Formel: $(Fe, Mn)_3(PO_4)_2 \cdot 3H_2O$

Farbe: farblos, grünlich, braun; Glasglanz. Spaltbarkeit: schlecht; Bruch muschelig. Tenazität: spröde. Kristallform: orthorhombisch; oktaederähnlich, dicktafelig, derb. Vorkommen: in Phosphatpegmatiten. Begleitmineralien: Ludlamit, Vivianit, Siderit.
Ähnliche Mineralien: Bei Beachtung der Paragenese ist keine Verwechslung mit anderen Mineralien möglich.

Fundort/Maßstab

1 Lavrion, Griechenland 15fach	2 Lavrion, Griechenland 12fach
3 Francon Quarry, Montreal, Kanada / 10fach	
4 Llallagua, Bolivien 3fach	5 Schellkopf, Eifel 15fach

1, 2, 3 Adamin O₂

Härte: 3½.
Dichte: 4,3–4,5.
Strichfarbe: weiß.
Formel: $Zn_2[OH/AsO_4]$

Farbe: farblos, weiß, gelb, grün (kupferhaltig = Cuproadamin), rosa bis violett (kobalthaltig = Kobaltadamin); Glasglanz. Spaltbarkeit: vollkommen, aber meist nicht erkennbar; Bruch muschelig. Tenazität: spröde. Kristallform: orthorhombisch; prismatisch bis nadelig, radialstrahlig, Krusten, erdig. Vorkommen: in der Oxidationszone. Begleitmineralien: Smithsonit, Hemimorphit, Aurichalcit.
Ähnliche Mineralien: Olivenit ist immer dunkler grün, manchmal aber von Cuproadamin mit einfachen Mitteln nicht zu unterscheiden; Hinweise gibt seine Paragenese mit kupferhaltigen Mineralien, wie zum Beispiel Cornwallit und Klinoklas.

4 Strontianit

Härte: 3½.
Dichte: 3,7.
Strichfarbe: weiß.
Formel: $SrCO_3$

Farbe: farblos, weiß, gelblich, grünlich, grau; Glasglanz, auf Bruchflächen fettig. Spaltbarkeit: erkennbar; Bruch muschelig. Tenazität: spröde. Kristallform: orthorhombisch; nadelig, spießig, oft zu Büscheln verwachsen, manchmal gebogen, selten prismatisch oder bipyramidal, radialstrahlig, derb. Vorkommen: in hydrothermalen Gängen, als Kluftfüllung in Kalken, auf alpinen Klüften. Begleitmineralien: Kalkspat, Erzmineralien.
Ähnliche Mineralien: Von Witherit unterscheidet sich Strontianit in der Kristallform; die Unterscheidung von derben Stücken ist manchmal nicht möglich; Kalkspat und Aragonit brausen bereits mit kalter, verdünnter Salzsäure.

5 Burkeit

Härte: 3½.
Dichte: 2,56.
Strichfarbe: weiß.
Formel: $Na_6CO_3(SO_4)_2$

Farbe: weiß, grau, rosa; Glasglanz. Spaltbarkeit: keine; Bruch muschelig. Tenazität: spröde. Kristallform: orthorhombisch; tafelig, kugelig, nierig. Vorkommen: in Boraxseen. Begleitmineralien: Steinsalz, Borax.
Ähnliche Mineralien: Steinsalz und Kernit haben eine gute Spaltbarkeit.

Alunit
(ohne Foto)

Härte: 3½.
Dichte: 2,6–2,9.
Strichfarbe: weiß.
Formel: $KAl_3(SO_4)_2(OH)_6$.

Farbe: farblos, weiß, grau, gelblich, rötlich; Glasglanz. Spaltbarkeit: schlecht; Bruch muschelig. Tenazität: spröde. Kristallform: trigonal; rhomboedrisch, tafelig, körnig, dicht. Vorkommen: in vulkanischen Gesteinen. Begleitmineralien: Salammoniak, Schwefel.
Ähnliche Mineralien: Salammoniak hat eine andere Kristallform, derb ist er allerdings von Alunit mit einfachen Mitteln nicht leicht zu unterscheiden.

Fundort/Maßstab

1 Lavrion, Griechenland 6fach	2 Mina Ojuela, Mapimi, Mexiko / 6fach
3 Mina Ojuela, Mapimi, Mexiko / 4fach	
4 Oberdorf, Österreich 8fach	5 Searles Lake, Kalifornien / 4fach

1 Parahopeit ⊕ O₂

Härte: 3½.
Dichte: 3,3.
Strichfarbe: weiß.
Formel: $Zn_3(PO_4)_2 \cdot 4\,H_2O$

Farbe: weiß, farblos; Glasglanz. Spaltbarkeit: vollkommen; Bruch uneben. Tenazität: spröde. Kristallform: triklin; tafelig, radialstrahlig. Vorkommen: in Phosphatlagerstätten. Begleitmineralien: Hopeit, Scholzit.
Ähnliche Mineralien: Hopeit und Scholzit haben eine andere Kristallform.

2,3 Ludlamit ⊕

Härte: 3-4.
Dichte: 3,1.
Strichfarbe: weiß.
Formel: $Fe_3[PO_4]_2 \cdot 4\,H_2O$

Farbe: hellgrün bis grün; Glasglanz. Spaltbarkeit: nach der Basis vollkommen; Bruch uneben. Tenazität: spröde. Kristallform: monoklin; oktaederähnlich, seltener tafelig, derbe, spätige Massen. Vorkommen: in Phosphatpegmatiten. Begleitmineralien: Phosphosiderit, Vivianit, Triphylin.
Ähnliche Mineralien: Farbe und Spaltbarkeit von Ludlamit verhindern jede Verwechslung.

4 Georgiadesit O₂

Härte: 3½.
Dichte: 7,1.
Strichfarbe: weiß.
Formel: $Pb_3AsO_4Cl_3$

Farbe: weiß; Glasglanz. Spaltbarkeit: keine; Bruch uneben. Tenazität: spröde. Kristallform: monoklin; dicktafelig, längsgestreift. Vorkommen: in antiken Bleischlacken. Begleitmineralien: Phosgenit, Paralaurionit, Laurionit.
Änliche Mineralien: Phosgenit hat eine andere Kristallform und keine Streifung.

5 Collinsit O₂

Härte: 3½.
Dichte: 2,99.
Strichfarbe: weiß.
Formel: $Ca_2(Mg,Fe)(PO_4)_2 \cdot 2\,H_2O$

Farbe: farblos, weiß, bräunlich; Glasglanz. Spaltbarkeit: vollkommen; Bruch uneben. Tenazität: spröde. Kristallform: triklin; kurzprismatisch bis dünntafelig, radialstrahlig, krustig. Vorkommen: in Phosphatlagerstätten. Begleitmineralien: Apatit, Scholzit.
Ähnliche Mineralien: Scholzit hat eine andere Kristallform.

Kieserit ⊕
(ohne Foto)

Härte: 3½.
Dichte: 2,57.
Strichfarbe: weiß.
Formel: $MgSO_4 \cdot H_2O$.

Farbe: farblos, weiß, grau, gelblich; Glasglanz. Spaltbarkeit: vollkommen; Bruch uneben. Tenazität: spröde. Kristallform: monoklin; dipyramidal, körnig, derb. Vorkommen: in Salzlagerstätten. Begleitmineralien: Steinsalz, Kainit, Sylvin.
Ähnliche Mineralien: Von Kainit ist Kieserit mit einfachen Mitteln nicht zu unterscheiden.

Fundort/Maßstab

1 Hagendorf, Ostbayern 8fach	2 Minas Gerais, Brasilien 6fach
3 Sta. Eulalia, Mexiko / 5fach	
4 Lavrion, Griechenland 12fach	5 Yukon Territory, Kanada / 4fach

1 Fiedlerit O_2

Härte: 3½.
Dichte: 5,8.
Strichfarbe: weiß.
Formel: $Pb_3Cl_4(OH)_2$

Farbe: farblos, weiß; Diamantglanz. Spaltbarkeit: schlecht erkennbar; Bruch muschelig. Tenazität: spröde. Kristallform: monoklin; tafelig, nur Kristalle. Vorkommen: in antiken Bleischlacken. Begleitmineralien: Paralaurionit, Laurionit, Phosgenit.

Ähnliche Mineralien: Bei Beachtung des Vorkommens von Fiedlerit und seiner charakteristischen Kristallform (Foto) gibt es keine Verwechslungsmöglichkeit.

2 Fairfieldit

Härte: 3½.
Dichte: 3,08.
Strichfarbe: weiß.
Formel: $Ca_2(Mn,Fe)(PO_4)_2 \cdot 2 H_2O$

Farbe: farblos, weiß, beige, gelblich; Glasglanz. Spaltbarkeit: vollkommen; Bruch uneben. Tenazität: spröde. Kristallform: triklin; tafelig, prismatisch, radialstrahlig, kugelig. Vorkommen: in Phosphatpegmatiten. Begleitmineralien: Apatit, Eosphorit.

Ähnliche Mineralien: Scholzit hat eine andere Kristallform.

3,4 Siderit ⊗
Eisenspat

Härte: 4–4½.
Dichte: 3,7–3,9.
Strichfarbe: weißlich.
Formel: $FeCO_3$

Farbe: gelbweiß, gelbbraun bis dunkelbraun, manchmal bläulich angelaufen; Glasglanz. Spaltbarkeit: vollkommen nach dem Rhomboeder; Bruch spätig. Tenazität: spröde. Kristallform: trigonal; rhomboedrisch, oft sattelförmig gekrümmt, selten Skalenoeder, oft derb. Vorkommen: in Pegmatiten und Blasenhohlräumen von vulkanischen Gesteinen, als Gangart von hydrothermalen Gängen, in Stöcken und Linsen in metasomatisch veränderten Kalken, als Konkretionen oder in Lagen in Sedimenten, in Torfmooren. Begleitmineralien: Chalcedon, Schwerspat, Kalkspat, Erzmineralien.

Ähnliche Mineralien: Kalkspat braust schon mit verdünnter Salzsäure; Zinkblende hat eine andere Spaltbarkeit; von eisenhaltigem Dolomit ist Siderit mit einfachen Mitteln manchmal nicht zu unterscheiden.

5 Hopeit ⊗ O_2

Härte: 3½.
Dichte: 3,05.
Strichfarbe: weiß.
Formel: $Zn_3(PO_4)_2 \cdot 2 H_2O$

Farbe: farblos, weiß, grau braun; Glasglanz. Spaltbarkeit: vollkommen; Bruch uneben. Tenazität: spröde. Kristallform: orthorhombisch; prismatisch, tafelig, radialstrahlig, krustig. Vorkommen: in Phosphatlagerstätten, in der Oxidationszone. Begleitmineralien: Tarbuttit, Parahopeit.

Ähnliche Mineralien: Parahopeit hat eine andere Kristallform.

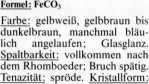

Fundort/Maßstab	
1 Lavrion, Griechenland 10fach	2 Foote Mine, Kings Mt., USA / 12fach
3 Hüttenberg, Kärnten, Österreich / 1,5fach	
4 Panasqueira, Portugal 3fach	5 Broken Hill, Zambia 10fach

1 Rhodesit

Härte: 3–4.
Dichte: 2,36.
Strichfarbe: weiß.
Formel: $(Ca,Na_2,K_2)_8Si_{16}O_{40} \cdot 11\,H_2O$

Farbe: weiß; Seidenglanz. Spaltbarkeit: nicht erkennbar; Bruch faserig. Tenazität: spröde. Kristallform: orthorhombisch; nadelig, faserig, radialstrahlig. Vorkommen: in vulkanischen Gesteinen. Begleitmineralien: Ettringit, Heulandit.

Ähnliche Mineralien: Von Natrolith und Skolezit ist Rhodesit mit einfachen Mitteln nicht zu unterscheiden.

2 Minyulit

Härte: 3½.
Dichte: 2,45.
Strichfarbe: weiß.
Formel: $KAl_2(PO_4)_2(OH,F) \cdot 4\,H_2O$

Farbe: farblos, weiß, gelblich; Seidenglanz. Spaltbarkeit: vollkommen; Bruch uneben, faserig. Tenazität: spröde. Kristallform: orthorhombisch, nadelig, radialstrahlig. Vorkommen: in Phosphatlagerstätten in Sedimenten. Begleitmineralien: Limonit, Kakoxen, Strengit.

Ähnliche Mineralien: Kakoxen und Berauit sind immer viel intensiver gefärbt.

3, 4 Magnesit

Härte: 4–4½.
Dichte: 3,0.
Strichfarbe: weiß.
Formel: $MgCO_3$

Farbe: farblos, weiß, gelblich, bräunlich, grau; Glasglanz. Spaltbarkeit: sehr vollkommen nach dem Grundrhomboeder; Bruch spätig. Tenazität: spröde. Kristallform: trigonal; selten rhomboedrisch, meist derbe, körnige, spätige Massen. Vorkommen: große Verdrängungskörper in Dolomiten, in Talkschiefern, auf Klüften von Serpentin. Begleitmineralien: Aragonit, Kalkspat, Dolomit, Apatit, Talk, Serpentin.

Ähnliche Mineralien: Kalkspat ist bereits in kalter Salzsäure löslich; Dolomit ist etwas weicher aber von Magnesit oft nicht einfach zu unterscheiden.

5 Paradamin

Härte: 3½.
Dichte: 4,55.
Strichfarbe: weiß.
Formel: Zn_2AsO_4OH

Farbe: gelblich; Glasglanz. Spaltbarkeit: vollkommen; Bruch uneben. Kristallform: triklin; tafelig, oft gerundet. Vorkommen: in der Oxidationszone. Begleitmineralien: Limonit, Adamin, Mimetesit.

Ähnliche Mineralien: Adamin hat eine andere Kristallform.

6 Leukophosphit

Härte: 3½.
Dichte: 2,95.
Strichfarbe: weiß.
Formel: $KFe_2(OH)(PO_4)_2 \cdot H_2O$

Farbe: farblos, weiß, gelb, rosa, grünlich; Glasglanz. Spaltbarkeit: vollkommen; Bruch uneben. Tenazität: spröde. Kristallform: monoklin; tafelig, kugelig, hahnenkammförmig. Vorkommen: in Phosphatpegmatiten. Begleitmineralien: Strengit, Rockbridgeit.

Ähnliche Mineralien: Strengit hat eine andere Kristallform, ist aber in kugeligen Aggregaten oft nicht leicht von Leukophosphit zu unterscheiden.

Fundort/Maßstab

1 Maroldsweisach, Bayern / 5fach	2 Pereta, Toskana / 8fach
3 Trieben, Österreich 0,5fach	4 Kaswassergraben, Österreich / 8fach
5 Mina Ojuela, Mapimi, Mexiko / 8fach	6 Hagendorf, Ostbayern 12fach

1 Penfieldit O_2

Härte: 3-4.
Dichte: 5,8.
Strichfarbe: weiß.
Formel: Pb_2Cl_3OH

Farbe: farblos, weiß; Glasglanz bis Diamantglanz. Spaltbarkeit: keine; Bruch uneben. Tenazität: spröde. Kristallform: hexagonal; prismatisch, quergestreift. Begleitmineralien: Fiedlerit, Phosgenit, Paralaurionit.
Ähnliche Mineralien: Quarz ist viel härter; Phosgenit zeigt immer eine vierzählige Symmetrie.

2,3 Aragonit ⊗

Härte: 3½-4.
Dichte: 2,95.
Strichfarbe: weiß.
Formel: $CaCO_3$

Farbe: farblos, weiß, grau, rot bis rotviolett; Glasglanz. Spaltbarkeit: nur undeutlich; Bruch muschelig. Tenazität: spröde. Kristallform: orthorhombisch; meist nadelig, prismatisch, spatelförmig, Drillinge ähneln hexagonalen Prismen; strahlig, körnig, wurmförmige Gebilde werden als Eisenblüte bezeichnet. Vorkommen: in der Oxidationszone, in Drusen und auf Klüften von Ergußgesteinen, in Tonen eingewachsen (hier meist Drillinge), in den Ablagerungen heißer Quellen. Begleitmineralien: Zeolithe, Quarz, Oxidationsmineralien. Besondere Eigenschaften: braust mit verdünnter Salzsäure.
Ähnliche Mineralien: Kalkspat unterscheidet sich von Aragonit durch seine Spaltbarkeit; alle anderen Mineralien durch die Salzsäureprobe.

4 Serpierit O_2

Härte: 3½-4.
Dichte: 3,08.
Strichfarbe: bläulichweiß.
Formel: $Ca(Cu,Zn)_4(SO_4)_2(OH)_6 \cdot 3 H_2O$

Farbe: blau; Glasglanz. Spaltbarkeit: vollkommen. Bruch uneben. Tenazität: spröde. Kristallform: monoklin; nadelig, strahlig. Vorkommen: in der Oxidationszone. Begleitmineralien: Spangolith, Gips.
Ähnliche Mineralien: Linarit wird beim Betupfen mit Salzsäure im Gegensatz zu Serpierit weiß.

5 Variscit ⊕ O_2

Härte: 4-5.
Dichte: 2,52.
Strichfarbe: weiß.
Formel: $Al[PO_4] \cdot 2 H_2O$

Farbe: farblos, weiß, hellgrün bis grün; Glasglanz bis Wachsglanz. Spaltbarkeit: keine; Bruch muschelig. Tenazität: spröde bis milde. Kristallform: orthorhombisch; selten Kristalle, meist radialstrahlig, kugelig, krustig, in derben, dichten Massen. Vorkommen: auf Klüften aluminiumreicher Gesteine. Begleitmineralien: Wavellit, Strengit, Klinovariscit.
Ähnliche Mineralien: Strengit ist praktisch nie grün; Wavellit hat eine andere Kristallform.

Fundort/Maßstab	
1 Lavrion, Griechenland 15fach	2 Minglanilla, Spanien 3fach
3 Limberg, Kaiserstuhl / 5fach	
4 Friedrichssegen, Bad Ems / 15fach	5 Lucin, Box Elder Co., USA / 8fach

1 Laumontit 🔶 🔺

Härte: 3-3½.
Dichte: 2,25-2,35.
Strichfarbe: weiß.
Formel: $Ca[Al_2Si_4O_{12}] \cdot 4 H_2O$

Farbe: farblos, weiß (bei Wasserverlust); Glasglanz, auf Spaltflächen Perlmuttglanz. Spaltbarkeit: in Längsrichtung der Kristalle vollkommen; Bruch uneben. Tenazität: spröde. Kristallform: monoklin; Prismen mit typisch schiefen Endflächen, strahlig, derb. Vorkommen: in Drusen von Pegmatiten, Graniten, in Blasenhohlräumen von vulkanischen Gesteinen. Begleitmineralien: Apophyllit, Stilbit, Chabasit.

Ähnliche Mineralien: Die Kristallform von Laumontit bewahrt vor jeder Verwechslung; Kalifeldspat kann manchmal Pseudomorphosen nach Laumontit bilden, diese sind aber deutlich härter.

2 Gyrolith 🔺

Härte: 3-4.
Dichte: 3-4.
Strichfarbe: weiß.
Formel: $Ca_2Si_3O_7(OH)_2 \cdot H_2O$

Farbe: farblos, weiß, grünlich, braun, schwarz; Glasglanz. Spaltbarkeit: vollkommen; Bruch uneben. Tenazität: spröde. Kristallform: hexagonal; kugelig, extrem dünne Blättchen. Vorkommen: in Hohlräumen vulkanischer Gesteine. Begleitmineralien: Prehnit, Apophyllit.

Ähnliche Mineralien: Prehnit bildet immer viel dickere Kristalltäfelchen.

3 Pikropharmakolith O_2

Härte: 2-2½.
Dichte: 2,6.
Strichfarbe: weiß.
Formel: $CaH[AsO_4] \cdot 2 H_2O$

Farbe: farblos, weiß, durch Kobalt oder Nickel manchmal rötlich oder grün; Glasglanz. Spaltbarkeit: wegen der nadeligen Ausbildung nicht erkennbar; Bruch faserig. Tenazität: spröde. Kristallform: monoklin; nadelig bis haarförmig; radialstrahlige Büschel, Rosetten. Vorkommen: in der Oxidationszone. Begleitmineralien: Gips, Kobaltblüte.

Ähnliche Mineralien: Pharmakolith hat eine gute Spaltbarkeit.

4 Wavellit ⊕ O_2

Härte: 4.
Dichte: 2,3-2,4.
Strichfarbe: weiß.
Formel: $Al_3[(OH)_3/(PO_4)_2] \cdot 5 H_2O$

Farbe: farblos, weiß, gelb, grün; Glasglanz. Spaltbarkeit: nicht sichtbar; Bruch uneben. Tenazität: spröde. Kristallform: orthorhombisch; nadelig, radialstrahlig. Vorkommen: auf Klüften von Kieselschiefer, zersetztem Granit, Kalkstein. Begleitmineral: Strengit.

Ähnliche Mineralien: Natrolith und Prehnit sind härter; Kalkspat und Aragonit brausen beim Betupfen mit Salzsäure.

Fundort/Maßstab

1 Nasik, Bombay, Indien / 2fach	
2 Poona, Indien / 8fach	3 Richelsdorf, Hessen 8fach
4 Filleigh Quarry, Devon, Großbritannien / 1fach	

1 Ankerit
Braunspat
Härte: 3½–4.
Dichte: 2,95–3,02.
Strichfarbe: weiß.
Formel: $CaFe[CO_3]_2$

Farbe: weiß, elfenbeinfarben, bräunlich; Glasglanz. Spaltbarkeit: vollkommen nach dem Grundrhomboeder; Bruch spätig. Tenazität: spröde. Kristallform: trigonal; rhomboedrisch, oft sattelförmig gekrümmt, derb, spätig. Vorkommen: in Sideritlagerstätten und hydrothermalen Gängen, auf alpinen Klüften. Begleitmineralien: Dolomit, Kalkspat, Siderit.
Ähnliche Mineralien: Kalkspat braust beim Betupfen mit kalter Salzsäure; Dolomit und Siderit sind von Ankerit oft nicht leicht zu unterscheiden.

2,3 Skorodit O_2
Härte: 3½–4.
Dichte: 3,1–3.3
Strichfarbe: weiß.
Formel: $Fe[AsO_4] \cdot 2\,H_2O$

Farbe: farblos, weiß, gelb, grünlich, blau, braun; fettiger Glasglanz. Spaltbarkeit: kaum sichtbar; Bruch muschelig. Tenazität: spröde. Kristallform: orthorhombisch; tafelig bis bipyramidal, radialstrahlig, krustig, als Überzug. Vorkommen: in der Oxidationszone. Begleitmineralien: Arseniosiderit, Olivenit, Adamin.
Ähnliche Mineralien: Bei Beachtung von Kristallform und Paragenese gibt es keine Verwechslungsmöglichkeiten mit anderen Mineralien.

4 Nadorit O_2
Härte: 3½–4.
Dichte: 7,02.
Strichfarbe: weiß.
Formel: $PbSbO_2Cl$

Farbe: weiß, gelb, braun; Harzglanz. Spaltbarkeit: vollkommen; Bruch muschelig. Tenazität: spröde. Kristallform: orthorhombisch; dünntafelig, linsenförmig, kugelig. Vorkommen: in Antimonlagerstätten. Begleitmineralien: Stibiconit, Valentinit.
Ähnliche Mineralien: Bei Beachtung der Paragenese ist Nadorit unverwechselbar.

5 Phosphosiderit
Klinostrengit
Härte: 3½–4.
Dichte: 2,76.
Strichfarbe: weiß.
Formel: $Fe[PO_4] \cdot 2\,H_2O$

Farbe: farblos, weiß, rosa, violett; Glasglanz. Spaltbarkeit: vollkommen; Bruch uneben. Tenazität: spröde. Kristallform: monoklin; tafelig, radialstrahlig, krustig, warzig. Vorkommen: in Phosphatpegmatiten. Begleitmineralien: Strengit, Rockbridgeit.
Ähnliche Mineralien: Strengit hat eine andere Kristallform. In radialstrahligen Aggregaten sind die beiden Mineralien mit einfachen Mitteln nicht zu unterscheiden.

Fundort/Maßstab

1 Eisenerz, Steiermark, Österreich / 3fach	
2 Grube Clara, Schwarzwald / 5fach	3 Grube Clara, Schwarzwald / 8fach
4 Djebel Nador, Algerien 6fach	5 Hagendorf, Ostbayern 8fach

1 Powellit ⬛ O_2

Härte: 3½–4.
Dichte: 4,23.
Strichfarbe: weiß.
Formel: $CaMoO_4$

Farbe: grau, braun; Glasglanz bis Fettglanz. Spaltbarkeit: schlecht; Bruch uneben. Tenazität: spröde. Kristallform: tetragonal; bipyramidal, krustig, derb. Vorkommen: in der Oxidationszone, in Hohlräumen vulkanischer Gesteine. Begleitmineralien: Molybdänglanz, Laumontit. Besondere Eigenschaften: fluoresziert gelb bis orange.

Ähnliche Mineralien: Scheelit fluoresziert in einer anderen Farbe; Wulfenit überhaupt nicht.

2, 3 Stilbit ⬛ ⬛

Desmin
Härte: 3½–4.
Dichte: 2,1–2.2.
Strichfarbe: weiß.
Formel: $Ca[Al_2Si_7O_{18}] \cdot 7\,H_2O$

Farbe: farblos, gelb, weiß, braun; Glasglanz, auf Spaltflächen Perlmuttglanz. Spaltbarkeit: vollkommen; Bruch uneben. Tenazität: spröde. Kristallform: monoklin; prismatisch, oft zu garbenförmigen Büscheln verwachsen, praktisch nie derb oder eingewachsen. Vorkommen: in Blasenhohlräumen von vulkanischen Gesteinen, Drusen und Klüften von Pegmatiten, Graniten und anderen magmatischen Gesteinen, alpinen Klüften, auf Erzgängen. Begleitmineralien: Heulandit, Chabasit, Skolezit, Kalkspat, Laumontit.

Ähnliche Mineralien: Die typische Kristallform von Stilbit läßt kaum Verwechslungen zu.

4, 5 Strengit ⬛ O_2

Härte: 3–4.
Dichte: 2,87.
Strichfarbe: weiß.
Formel: $Fe[PO_4] \cdot 2\,H_2O$

Farbe: farblos, weiß, gelb, rosa, violett; Glasglanz. Spaltbarkeit: nach der Basis vollkommen; Bruch muschelig. Tenazität: spröde. Kristallform: orthorhombisch; tafelig, radialstrahlig, Krusten, Überzüge. Vorkommen: in phosphorhaltigen Brauneisenlagerstätten und Phosphatpegmatiten. Begleitmineralien: Phosphosiderit, Leukophosphit, Rockbridgeit.

Ähnliche Mineralien: Phosphosiderit hat eine andere Kristallform, ist aber in radialstrahligen Aggregaten mit einfachen Mitteln von Strengit nicht zu unterscheiden.

Fundort/Maßstab

1 Black Horse Mine, Nevada, USA / 10fach	2 Habachtal, Österreich 6fach
3 Berufjord, Island / 4fach	
4 Pleystein, Oberpfalz / 4fach	5 Mangualde, Portugal 8fach

1/2 Pyromorphit O₂

Grünbleierz (1),
Braunbleierz (2)

Härte: 3½–4.
Dichte: 6,7–7,0.
Strichfarbe: weiß.
Formel: $Pb_5|Cl/(PO_4)_3|$

Farbe: grün, braun, orange bis farblos; Fettglanz. Spaltbarkeit: keine; Bruch muschelig. Tenazität: spröde. Kristallform: hexagonal; prismatisch, oft tonnenförmig durch Krümmung der Prismenflächen, meist recht flächenarm, nadelig, radialstrahlige bis zellige Krusten, nierig, fast immer aufgewachsen, selten erdig, derb, eingewachsen. Vorkommen: in der Oxidationszone von Bleilagerstätten aller Arten, besonders in den obersten Teilen; der zur Bildung benötigte Phosphor ist oft organischer Herkunft. Begleitmineralien: Bleiglanz, Cerussit, Wulfenit, Hemimorphit; Pyromorphit ist oft in Hohlräumen zersetzten Bleiglanzes auf Quarzskeletten aufgewachsen.

Ähnliche Mineralien: Von Pyromorphit läßt sich Mimetesit mit einfachen Mitteln oft nicht unterscheiden, doch kann dessen Paragenese mit arsenhaltigen Mineralien einen Hinweis geben.

3/4 Mimetesit O₂

Härte: 3½–4.
Dichte: 7,1.
Strichfarbe: weiß.
Formel: $Pb_5|Cl/(AsO_4)_3|$

Farbe: farblos, weiß, braun, orange, gelb, grün, grau; Diamantglanz bis Fettglanz. Spaltbarkeit: keine; Bruch muschelig. Tenazität: spröde. Kristallform: hexagonal; prismatisch; oft durch Krümmung der Prismenflächen tönnchenförmig bis kugelig, teilweise flächenreichere Kristalle als Pyromorphit bildend, auch isometrisch bis tafelig, nadelig, Krusten, nierig bis kugelig, selten erdig, derb. Vorkommen: in der Oxidationszone von Bleilagerstätten, die auch arsenhaltige Mineralien führen; oft findet sich in den obersten Schichten der Oxidationszone Mimetesit neben Pyromorphit, während in der Tiefe dann nur noch Mimetesit vorkommt; das Vorkommen von Mimetesit ist immer ein Hinweis auf arsenhaltige Primärerze. Begleitmineralien: Bleiglanz, Cerussit, Duftit, Anglesit, Wulfenit.

Ähnliche Mineralien: Apatit ist härter; von Vanadinit und Pyromorphit ist Mimetesit mit einfachen Mitteln nicht zu unterscheiden, die Paragenese mit arsenhaltigen Mineralien gibt aber oft Hinweise; Kampylit (4) ist ein phosphorhaltiger Mimetesit, der oft orangefarbene, tönnchenförmige Kristalle bildet.

Fundort/Maßstab

1 Badenweiler, Schwarzwald / 6fach	
2 Broken Hill, Australien 6fach	3 Tsumeb, Namibia 6fach
4 Dry Gill Mine, Cumberland, Großbritannien / 3fach	

1

2|3

4

1, 2 Rhodochrosit

Manganspat,
Himberspat

<u>Härte:</u> 3½-4.
<u>Dichte:</u> 3,3-3,6.
<u>Strichfarbe:</u> weiß.
<u>Formel:</u> MnCO$_3$

<u>Farbe:</u> rosafarben in verschiedenen Tönungen, hellrot, gelbgrau, bräunlich; Glasglanz. <u>Spaltbarkeit:</u> nach dem Grundrhomboeder vollkommen. Bruch uneben. <u>Tenazität:</u> spröde. <u>Kristallform:</u> trigonal; oft gerundet, Grundrhomboeder, seltener Skalenoeder, häufig kugelig, nierig, radialstrahlig, Stalaktiten und Krusten. <u>Vorkommen:</u> in hydrothermalen Gängen, in der Oxidationszone, als Linsen und Lager in metamorphen Gesteinen. <u>Begleitmineralien:</u> Rhodonit, Quarz, Limonit, Sulfide.
Ähnliche Mineralien: Calcit braust schon mit verdünnter Salzsäure; von manganhaltigem Dolomit läßt sich Rhodochrosit manchmal mit einfachen Mitteln nicht unterscheiden.

3, 4 Dolomit

<u>Härte:</u> 3½-4.
<u>Dichte:</u> 2,85-2,95.
<u>Strichfarbe:</u> weiß.
<u>Formel:</u> CaMg(CO$_3$)$_2$

<u>Farbe:</u> farblos, weiß, grau, bräunlich, schwärzlich; Glasglanz. <u>Spaltbarkeit:</u> vollkommen nach dem Grundrhomboeder; Bruch muschelig. <u>Tenazität:</u> spröde. <u>Kristallform:</u> trigonal; meist nur das Grundrhomboeder vorhanden, oft sattelförmig gekrümmt, sehr selten flächenreicher, oft derb. <u>Vorkommen:</u> in hydrothermalen Gängen als Gangart und in Drusen, gesteinsbildend, Kristalle häufig auf Klüften von Dolomitgestein. <u>Begleitmineralien:</u> Quarz, Kalkspat und viele andere. <u>Besondere Eigenschaften:</u> braust nur mit heißer Salzsäure.

Ähnliche Mineralien: Kalkspat braust schon mit kalter verdünnter Salzsäure; Quarz ist härter; Gips weicher; Anhydrit braust auch nicht mit heißer Salzsäure.

Kutnahorit

(ohne Foto)

<u>Härte:</u> 3½-4.
<u>Dichte:</u> 3,1.
<u>Strichfarbe:</u> weiß.
<u>Formel:</u> Ca(Mn, Mg,Fe)(CO$_3$)$_2$

<u>Farbe:</u> weiß, rosa; Glasglanz. <u>Spaltbarkeit:</u> vollkommen; Bruch spätig. <u>Tenazität:</u> spröde. <u>Kristallform:</u> trigonal; Rhomboeder, Skalenoeder, derb. <u>Vorkommen:</u> in hydrothermalen Gängen. <u>Begleitmineralien:</u> Rhodochrosit, Franklinit.
Ähnliche Mineralien: Von Rhodochrosit ist Kutnahorit mit einfachen Mitteln nicht zu unterscheiden.

Fundort/Maßstab

1 Grube Wolf, Herdorf / 6fach	
2 Sta. Eulalia, Mexiko 5fach	**3** Lengenbach, Schweiz 15fach
4 Navarra, Spanien / 0,75fach	

1 Otavit O₂

Härte: 4.
Dichte: 5,0.
Strichfarbe: weiß.
Formel: $CdCO_3$

Farbe: weiß; Diamantglanz. Spaltbarkeit: gut; Bruch uneben. Tenazität: spröde. Kristallform: trigonal; rhomboedrisch. Vorkommen: in der Oxidationszone. Begleitmineralien: Cerussit, Azurit.

Ähnliche Mineralien: Dolomit und Calcit haben einen anderen Glanz.

2 Sainfeldit O₂

Härte: 4.
Dichte: 3,0.
Strichfarbe: weiß.
Formel: $H_2Ca_5(AsO_4)_4 \cdot 4\,H_2O$

Farbe: farblos, weiß, rosa; Glasglanz. Spaltbarkeit: keine; Bruch uneben. Tenazität: spröde. Kristallform: monoklin; prismatisch, dicktafelig, Rosetten. Vorkommen: in der Oxidationszone. Begleitmineralien: Pharmakolith, Guerinit, Pikropharmakolith.

Ähnliche Mineralien: Pharmakolith und Guerinit haben eine vollkommene Spaltbarkeit.

3 Edingtonit

Härte: 4.
Dichte: 2,8.
Strichfarbe: weiß.
Formel: $BaAl_2Si_3O_{10} \cdot 4\,H_2O$

Farbe: farblos, weiß; Glasglanz. Spaltbarkeit: vollkommen; Bruch uneben. Tenazität: spröde. Kristallform: orthorhombisch; prismatisch, derb. Vorkommen: in Hohlräumen vulkanischer Gesteine. Begleitmineralien: Heulandit, Stilbit, Manganit.

Ähnliche Mineralien: Stilbit, Harmotom und Phillipsit haben eine andere Kristallform.

4 Epistilbit

Härte: 4.
Dichte: 2,25.
Strichfarbe: weiß.
Formel: $CaAl_2Si_6O_{16} \cdot 5\,H_2O$

Farbe: farblos, weiß, rötlich. Glasglanz. Spaltbarkeit: vollkommen; Bruch uneben. Tenazität: spröde. Kristallform: monoklin; prismatisch, radialstrahlig. Vorkommen: in Hohlräumen vulkanischer Gesteine, auf alpinen Klüften. Begleitmineralien: Quarz, Yugawaralith, Stilbit.

Ähnliche Mineralien: Yugawaralith und Stilbit haben eine andere Kristallform.

5 Heulandit

Härte: 3½–4.
Dichte: 2,2.
Strichfarbe: weiß.
Formel: $Ca[Al_2Si_7O_{18}] \cdot 6\,H_2O$

Farbe: farblos, weiß, gelblich, rot; Glasglanz, auf Spaltflächen Perlmuttglanz. Spaltbarkeit: sehr vollkommen, eine Spaltfläche; Bruch uneben. Tenazität: spröde. Kristallform: monoklin; dünn- bis dicktafelig, aufgewachsen. Vorkommen: in Drusen von Pegmatiten, auf Erzgängen, in Blasenhohlräumen vulkanischer Gesteine. Begleitmineralien: Stilbit, Chabasit, Skolezit.

Ähnliche Mineralien: Stilbit hat eine andere Kristallform.

Fundort/Maßstab

1 Tsumeb, Namibia 15fach	2 Richelsdorf, Hessen 15fach
3 Ice River, Kanada / 3fach	
4 Osilo, Sardinien / 4fach	5 Habachtal, Österreich 8fach

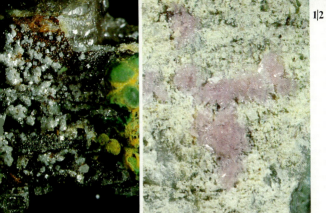

1, 2, 3, 4 Flußspat
Fluorit

Härte: 4.
Dichte: 3,1–3,2.
Strichfarbe: weiß.
Formel: CaF_2

Farbe: farblos, weiß, rosa, gelb, braun, grün, blau, violett, manchmal auch mehrere Farben an einem Kristall; Glasglanz. Spaltbarkeit: vollkommen nach dem Oktaeder; Bruch uneben. Tenazität: spröde. Kristallform: kubisch; Würfel, Oktaeder, auch in Kombination miteinander oder mit anderen, selteneren Formen, strahlig, derb. Vorkommen: in hydrothermalen Gängen und Drusen in Kalken, Klüften von Silikatgesteinen, lagig in Sedimentgesteinen. Begleitmineralien: Kalkspat, Schwerspat, Quarz, Erzmineralien.

Ähnliche Mineralien: Von Apatit unterscheidet sich Flußspat in Kristallform und Spaltbarkeit, von Kalkspat und Quarz in der Härte; Steinsalz ist wasserlöslich und schmeckt salzig.

Triphylin
(ohne Foto)

Härte: 4.
Dichte: 3,4–3,6.
Strichfarbe: grauweiß.
Formel: $Li(Fe,Mn)[PO_4]$

Farbe: graugrün; Glasglanz. Spaltbarkeit: vollkommen nach drei Richtungen; Bruch splittrig. Tenazität: spröde. Kristallform: orthorhombisch; selten dicktafelig bis prismatisch, immer eingewachsen, meist derbe, spätige Massen. Vorkommen: in Pegmatiten. Begleitmineralien: Zwieselit, Heterosit, Graftonit und andere Phosphate.

Ähnliche Mineralien: Bei Beachtung von Spaltbarkeit und Farbe gibt es in gleicher Paragenese kein mit Triphylin verwechselbares Mineral.

Bastnäsit
(ohne Foto)

Härte: 4.
Dichte: 4,7–5,2.
Strichfarbe: weiß.
Formel: $CeCO_3F$.

Farbe: gelblich bis braun; Glas bis Wachsglanz. Spaltbarkeit: schlecht; Bruch uneben. Tenazität: spröde. Kristallform: hexagonal; tafelig, derb. Vorkommen: in Pegmatiten, auf alpinen Klüften, in hydrothermalen Lagerstätten. Begleitmineralien: Schwerspat, Monazit.

Ähnliche Mineralien: Synchisit ist mit einfachen Mitteln nur schwer von Bastnäsit zu unterscheiden.

Fundort/Maßstab

1 Schrammacher, Zillertal, Österreich / 1fach	
2 Ribadisella, Spanien 2fach	3 Gasteiner Tal, Österreich / 2fach
4 Freiberg, Sachsen / 3fach	

1 Tarbuttit O₂

<u>Härte:</u> 4.
<u>Dichte:</u> 4,15.
<u>Strichfarbe:</u> weiß.
<u>Formel:</u> $Zn_2[OH/PO_4]$

<u>Farbe:</u> farblos, weiß, gelblich, bräunlich; Glasglanz. <u>Spaltbarkeit:</u> vollkommen; Bruch uneben. <u>Tenazität:</u> spröde. <u>Kristallform:</u> triklin; flächenreich, Krusten. <u>Vorkommen:</u> in der Oxidationszone. <u>Begleitmineralien:</u> Scholzit, Hopeit, Parahopeit.
Ähnliche Mineralien: Kalkspat und Smithsonit haben eine andere Spaltbarkeit; Hemimorphit hat eine andere Kristallform, ebenso Hopeit und Parahopeit.

2 Goosecreekit ⬣

<u>Härte:</u> 4-4½.
<u>Dichte:</u> 2,45.
<u>Strichfarbe:</u> weiß.
<u>Formel:</u> $CaAl_2Si_6O_{16} \cdot 5 H_2O$

<u>Farbe:</u> farblos, weiß; Glasglanz. <u>Spaltbarkeit:</u> nicht erkennbar; Bruch uneben. <u>Tenazität:</u> spröde. <u>Kristallform:</u> monoklin; prismatisch. <u>Vorkommen:</u> in Hohlräumen vulkanischer Gesteine. <u>Begleitmineralien:</u> Quarz, Epistilbit.
Ähnliche Mineralien: Die charakteristische Ausbildungsform (Foto) unterscheidet Goosecreekit von allen ähnlichen Mineralien.

3 Levyn ⬣

<u>Härte:</u> 4-4½.
<u>Dichte:</u> 2,1.
<u>Strichfarbe:</u> weiß.
<u>Formel:</u> $(Na,Ca)_2(Al,Si)_9O_{18} \cdot 8 H_2O$

<u>Farbe:</u> farblos, weiß, gelblich; Glasglanz. <u>Spaltbarkeit:</u> keine; Bruch uneben. <u>Tenazität:</u> spröde. <u>Kristallform:</u> hexagonal; dünntafelig, blättrig. <u>Vorkommen:</u> in Hohlräumen vulkanischer Gesteine. <u>Begleitmineralien:</u> Chabasit, Thomsonit.
Ähnliche Mineralien: Calcit hat eine vollkommene Spaltbarkeit.

4 Creedit ⊘

<u>Härte:</u> 4.
<u>Dichte:</u> 2,7.
<u>Strichfarbe:</u> weiß.
<u>Formel:</u> $Ca_3Al_2SO_4(F,OH)_{10} \cdot 2 H_2O$

<u>Farbe:</u> farblos, weiß, violett; Glasglanz. <u>Spaltbarkeit:</u> vollkommen; Bruch uneben. <u>Tenazität:</u> spröde. <u>Kristallform:</u> monoklin; prismatisch, nadelig, radialstrahlig. <u>Begleitmineralien:</u> Quarz, Fluorit, Baryt.
Ähnliche Mineralien: Gips ist viel weicher.

5 Phillipsit ⬣

<u>Härte:</u> 4-4½.
<u>Dichte:</u> 2,2.
<u>Strichfarbe:</u> weiß.
<u>Formel:</u> $KCa[Al_3Si_5O_{16}] \cdot 6 H_2O$

<u>Farbe:</u> farblos, weiß, gelblich, rötlich; Glasglanz. <u>Spaltbarkeit:</u> deutlich; Bruch uneben. <u>Tenazität:</u> spröde. <u>Kristallform:</u> monoklin; sehr selten einfach, meist Zwillinge und Vierlinge, radialstrahlig, kugelig, fast immer aufgewachsen. <u>Vorkommen:</u> in Blasenhohlräumen von vulkanischen Gesteinen. <u>Begleitmineralien:</u> Faujasit, Chabasit, Natrolith.
Ähnliche Mineralien: Heulandit und Stilbit haben eine vollkommene Spaltbarkeit mit Perlmuttglanz auf den Spaltflächen; Thomsonit hat eine andere Kristallform; Harmotom kommt seltener in Hohlräumen von Ergußgesteinen vor, ist dann aber mit einfachen Mitteln von Phillipsit nicht zu unterscheiden.

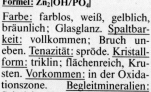

Fundort/Maßstab	
1 Broken Hill, Zambia 10fach	2 Poona, Indien / 2fach
3 Grant County, Oregon, USA / 10fach	
4 Sta. Eulalia, Mexiko 3fach	5 Oberwiddersheim, Vogelsberg / 15fach

1 Ganophyllit

Härte: 4-4½.
Dichte: 2,85.
Strichfarbe: weiß.
Formel: $NaMn_3(OH)_4(Si,Al)_4O_{10}$

Farbe: braun, gelblich; Glasglanz. **Spaltbarkeit:** vollkommen; Bruch blättrig. **Tenazität:** spröde. **Kristallform:** monoklin; tafelig, blättrig, glimmerartige Rosetten. **Vorkommen:** in Manganlagerstätten. **Begleitmineralien:** Rhodonit, Sursassit, Axinit.

Ähnliche Mineralien: Die Paragenese von Ganophyllit ist sehr charakteristisch und verhindert Verwechslungen.

2, 3, 4 Smithsonit
Zinkspat

Härte: 5.
Dichte: 4,3-4,5.
Strichfarbe: weiß.
Formel: $ZnCO_3$

Farbe: farblos, weiß, gelb, braun, rot, grün, blau, grau; Glasglanz. **Spaltbarkeit:** nach dem Rhomboeder vollkommen; Bruch uneben. **Tenazität:** spröde. **Kristallform:** trigonal; Skalenoeder und Rhomboeder, oft gerundet, nierig, stalaktitisch, schalig, derb. **Vorkommen:** in der Oxidationszone. **Begleitmineralien:** Hydrozinkit, Wulfenit, Kalkspat, Zinkblende.

Ähnliche Mineralien: Kalkspat braust im Gegensatz zu Zinkspat mit verdünnter Salzsäure.

5 Woodhouseit

Härte: 4-4⅕.
Dichte: 3,0.
Strichfarbe: weiß.
Formel: $CaAl_3PO_4SO_4(OH)_6$

Farbe: weiß, bräunlich, blaßrosa; Glasglanz. **Spaltbarkeit:** vollkommen; Bruch uneben. **Tenazität:** spröde. **Kristallform:** trigonal; dicktafelig. **Vorkommen:** in hydrothermalen Gängen. **Begleitmineralien:** Quarz, Lazulith, Augelith.

Ähnliche Mineralien: Augelith hat eine andere Kristallform.

Margarit
(ohne Foto)

Härte: 4-4½.
Dichte: 3,0-3,1.
Strichfarbe: weiß.
Formel: $CaAl_4Si_2O_{10}(OH)_2$

Farbe: weiß, rosa, gelblich; Perlmuttglanz. **Spaltbarkeit:** vollkommen; Bruch blättrig. **Tenazität:** spröde. **Kristallform:** monoklin; tafelig, blättrig. **Vorkommen:** in metamorphen Gesteinen und Lagerstätten. **Begleitmineralien:** Smaragd, Staurolith, Turmalin.

Ähnliche Mineralien: Muskovit ist nicht spröde.

Fundort/Maßstab

1 Franklin, New Jersey, USA / 1fach	2 Tsumeb, Namibia 5fach
3 Tsumeb, Namibia / 1,5fach	
4 Lavrion, Griechenland 5fach	5 White Mountain, Kalifornien, USA / 12fach

1 Austinit O_2

Härte: 4-4½.
Dichte: 4,3.
Strichfarbe: weiß.
Formel: $CaZnAsO_4OH$

Farbe: farblos, weiß, grünlich (Cuproaustinit); Glasglanz. Spaltbarkeit: schlecht; Bruch uneben. Tenazität: spröde. Kristallform: orthorhombisch; prismatisch, radialstrahlig, krustig. Vorkommen: in der Oxidationszone. Begleitmineralien: Adamin, Limonit.
Ähnliche Mineralien: Adamin hat eine andere Kristallform.

2 Jarlit

Härte: 4-4½.
Dichte: 3,8.
Strichfarbe: weiß.
Formel: $NaSr_3Al_3F_{16}$

Farbe: weiß, farblos, gelblich; Glasglanz. Spaltbarkeit: keine; Bruch uneben. Tenazität: spröde. Kristallform: monoklin; tafelig, radialstrahlig, traubig, derb. Vorkommen: als Verwitterungsprodukt von Kryolith. Begleitmineralien: Thomsenolith, Ralstonit, Pachnolith.
Ähnliche Mineralien: Die charakteristische Kristallform von Jarlit ist unverwechselbar.

3 Synchisit

Härte: 4½.
Dichte: 4,35.
Strichfarbe: weiß.
Formel: $CeCa[F/(CO_3)_2]$

Farbe: farblos, weißlich, gelb, orange, grünlich, grau; Glasglanz. Spaltbarkeit: kaum sichtbar; Bruch muschelig. Tenazität: spröde. Kristallform: pseudohexagonal; prismatisch; nach den Enden zu sich verjüngend, quergestreift, dünntafelig, blütenförmige Aggregate; praktisch immer aufgewachsen. Vorkommen: in alpinen Klüften und Hohlräumen magnetischer Gesteine. Begleitmineralien: Basnäsit, Anatas, Brookit, Titanit.
Ähnliche Mineralien: Parisi kommt fast immer in anderer Paragenese vor.

4 Yugawaralith

Härte: 4½.
Dichte: 2,25.
Strichfarbe: weiß.
Formel: $CaAl_2Si_6O_{16} \cdot 4 H_2O$

Farbe: farblos, weiß; Glasglanz. Spaltbarkeit: schlecht; Bruch uneben. Tenazität: spröde. Kristallform: monoklin; tafelig. Vorkommen: in Hohlräumen vulkanischer Gesteine. Begleitmineralien: Quarz, Heulandit.
Ähnliche Mineralien: Epistilbit hat eine andere Kristallform und vollkommene Spaltbarkeit.

5 Tunisit

Härte: 4½.
Dichte: 2,5.
Strichfarbe: weiß.
Formel: $NaHCa_2Al_4(CO_3)_4(OH)_{10}$

Farbe: farblos, weiß; Glasglanz. Spaltbarkeit: gut; Bruch uneben. Tenazität: spröde. Kristallform: tetragonal; tafelig, körnig. Begleitmineralien: Calcit, Coelestin.
Ähnliche Mineralien: Coelestin und Calcit haben eine andere Kristallform.

Fundort/Maßstab

1 Mina Ojuela, Mapimi, Mexiko / 6fach	2 Ivigtut, Grönland 8fach
3 Val Casaccia, Schweiz / 18fach	
4 Poona, Indien / 4fach	5 Condorcet, Frankreich 15fach

1 Ralstonit

Härte: 4½.
Dichte: 2,56.
Strichfarbe: weiß.
Formel: $NaMgAl(F,OH)_6 \cdot H_2O$

Farbe: farblos, weiß, gelblich; Glasglanz. Spaltbarkeit: keine; Bruch uneben. Tenazität: spröde. Kristallform: kubisch; Würfel, Oktaeder. Vorkommen: als Umwandlungsprodukt von Kryolith. Begleitmineralien: Thomsenolith, Pachnolith.
Andere Mineralien: Thomsenolith und Pachnolith haben eine ganz andere Kristallform.

2 Gmelinit

Härte: 4½.
Dichte: 2,1.
Strichfarbe: weiß.
Formel: $(Na_2,Ca)Al_2Si_4O_{12} \cdot 6H_2O$

Farbe: farblos, weiß, rosa, gelblich; Glasglanz. Spaltbarkeit: keine; Bruch uneben. Tenazität: spröde. Kristallform: hexagonal; dicktafelig, bipyramidal. Vorkommen: in Hohlräumen vulkanischer Gesteine. Begleitmineralien: Phillipsit, Chabasit.
Ähnliche Mineralien: Bei Beachtung der charakteristischen Kristallform von Gmelinit ist keine Verwechslung möglich.

3 Disthen
Cyanit

Härte: in der Längsrichtung 4-4½, quer dazu 6-7.
Dichte: 3,6-3,7.
Strichfarbe: weiß.
Formel: $Al_2[O/SiO_4]$

Farbe: blau, grau, weißlich; Glasglanz. Spaltbarkeit: vollkommen; Bruch uneben. Tenazität: spröde. Kristallform: triklin; stengelig, radialstrahlig, immer eingewachsen. Vorkommen: in metamorphen Gesteinen, Gneisen, Glimmerschiefern. Begleitmineralien: Staurolith, Quarz, Glimmer.
Ähnliche Mineralien: Der Richtungsunterschied der Härte unterscheidet Disthen von allen ähnlichen Mineralien.

4 Hidalgoit O_2

Härte: 4½.
Dichte: 4,0.
Strichfarbe: weiß.
Formel: $PbAl_3AsO_4SO_4(OH)_6$

Farbe: weiß, grau, grünlich; Glasglanz. Spaltbarkeit: keine; Bruch uneben. Tenazität: spröde. Kristallform: trigonal; nierig, krustig, derb. Vorkommen: in der Oxidationszone. Begleitmineralien: Pyromorphit, Beudanit.
Ähnliche Mineralien: Hidalgoit ist von Beudantit mit einfachen Mitteln nicht zu unterscheiden, dieser bildet aber im Gegensatz häufig Kristalle.

5 Hinsdalit O_2

Härte: 4½.
Dichte: 4,0.
Strichfarbe: weiß.
Formel: $(Pb,Sr)Al_3PO_4SO_4(OH)_6$

Farbe: farblos, leicht gelblich oder grünlich; Glasglanz. Spaltbarkeit: vollkommen; Bruch uneben. Tenazität: spröde. Kristallform: trigonal; rhomboedrisch, oft sehr spitz, radialstrahlig, krustig. Vorkommen: in der Oxidationszone. Begleitmineralien: Pyromorphit, Limonit.
Ähnliche Mineralien: Hidalgoit und Beudantit sind immer viel intensiver gefärbt.

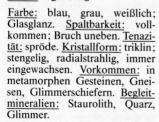

Fundort/Maßstab	
1 Ivigtut, Grönland 15fach	2 Maroldsweisach, Bayern / 12fach
3 Alpe Sponda, Tessin, Schweiz / 2fach	
4 Sylvester Mine, Australien / 10fach	5 Dernbach, Westerwald 20fach

1 Harmotom ◐ ◉

Härte: 4½.
Dichte: 2,44–2,50.
Strichfarbe: weiß.
Formel:
$Ba[Al_2Si_6O_{16}] \cdot 6\,H_2O$

Farbe: farblos, weiß, gelblich; Glasglanz. Spaltbarkeit: kaum erkennbar; Bruch muschelig. Tenazität: spröde. Kristallform: monoklin; fast immer Durchkreuzungszwillinge, aufgewachsen. Vorkommen: in Hohlräumen von vulkanischen Gesteinen, in hydrothermalen Erzgängen und Kieslagerstätten. Begleitmineralien: Stilbit, Heulandit, Brewsterit, Schwerspat.
Ähnliche Mineralien: Mit einfachen Mitteln läßt sich Harmotom von Phillipsit nicht unterscheiden, dieser tritt aber in Erzlagerstätten nicht auf.

2 Gismondin ◉

Härte: 4½.
Dichte: 2,3.
Strichfarbe: weiß.
Formel: $CaAl_2Si_2O_8 \cdot 4\,H_2O$

Farbe: farblos, weiß; Glasglanz. Spaltbarkeit: keine; Bruch uneben. Tenazität: spröde. Kristallform: monoklin; oktaederähnlich. Vorkommen: in Hohlräumen vulkanischer Gesteine. Begleitmineralien: Phillipsit, Thomsonit.
Ähnliche Mineralien: Bei Beachtung der Paragenese läßt die charakteristische Kristallform von Gismondin keine Verwechslung zu.

3 Colemanit ✚

Härte: 4½.
Dichte: 2,4.
Strichfarbe: weiß.
Formel: $Ca[B_3O_4(OH)_3] \cdot H_2O$

Farbe: farblos, weiß; Glasglanz. Spaltbarkeit: vollkommen; Bruch uneben. Tenazität: spröde. Kristallform: monoklin; prismatisch; körnig, stengelig, derb. Vorkommen: in Boraxseen und entsprechenden Sedimenten. Begleitmineralien: Realgar, Hydroboracit, Pandermit.
Ähnliche Mineralien: Borax und Soda sind weicher.

4 Augelith ◐

Härte: 4–5.
Dichte: 2,7.
Strichfarbe: weiß.
Formel: $Al_2PO_4(OH)_3$

Farbe: farblos, weiß, gelblich Glasglanz. Spaltbarkeit: vollkommen; Bruch uneben. Tenazität: spröde. Kristallform: monoklin; dicktafelig, prismatisch derb. Vorkommen: in Phosphatlagerstätten. Begleitmineralien: Wardit, Lazulith.
Ähnliche Mineralien: Woodwardit und Wardit haben eine andere Kristallform.

5 Legrandit O_2

Härte: 4½.
Dichte: 4,0.
Strichfarbe: weiß.
Formel: $Zn_2(OH)AsO_4 \cdot H_2O$

Farbe: farblos, gelb; Glasglanz. Spaltbarkeit: schlecht; Bruch uneben. Tenazität: spröde. Kristallform: monoklin; prismatisch, strahlig. Vorkommen: in der Oxidationszone. Begleitmineralien: Limonit, Adamin, Mimetesit.
Ähnliche Mineralien: Adamin und Austinit haben eine andere Kristallform.

Fundort/Maßstab

1 Bodenmais, Bayerischer Wald / 12fach	2 Schellkopf, Eifel 20fach
3 Boron, Kalifornien / 5fach	
4 Yukon Territory, Kanada / 12fach	5 Mina Ojuela, Mapimi, Mexiko / 10fach

1, 2 Xenotim

Härte: 4-5.
Dichte: 4,5-5,1.
Strichfarbe: weiß.
Formel: Y[PO$_4$]

Farbe: gelb, braun, undurchsichtig; gelb bis farblos, durchsichtig; Fettglanz (undurchsichtig) bis Glasglanz (durchsichtig). Spaltbarkeit: vollkommen, aber oft nicht sichtbar; Bruch splittrig. Tenazität: spröde. Kristallform: tetragonal; prismatisch bis tafelig, ein- und aufgewachsen. Vorkommen: mikroskopisch in Graniten, in Pegmatiten (große Kristalle, undurchsichtig, Fettglanz, eingewachsen), auf alpinen Klüften (kleine Kristalle, durchsichtig, Glasglanz, aufgewachsen). Begleitmineralien: Zirkon, Monazit, Anatas.

Ähnliche Mineralien: Zirkon ist härter.

3, 4 Serpentin

Härte: 3-4.
Dichte: 2,5-2,6.
Strichfarbe: weiß.
Formel: Mg$_6$[(OH)$_8$/Si$_4$O$_{10}$]

Farbe: weiß, grün in allen Schattierungen, gelb; Fettglanz bis Seidenglanz. Spaltbarkeit: wegen der Ausbildung nicht erkennbar; Bruch muschelig bis faserig. Tenazität: milde. Kristallform: monoklin; Antigorit, blättchenförmig, meist sehr feinkörnig, dicht; Chrysotil, faserig, haarförmig. Vorkommen: gesteinsbildend in den Serpentiniten, Chrysotil auf deren Klüften. Begleitmineralien: Olivin, Chromit, Magnetit, Dolomit, Talk.

Ähnliche Mineralien: Talk ist weicher; Hornblendeasbest spröde.

5 Wollastonit

Härte: 4½-5.
Dichte: 2,8-2,9.
Strichfarbe: weiß.
Formel: Ca$_3$[Si$_3$O$_9$]

Farbe: farblos, weiß, grau; Glasglanz, Aggregate Seidenglanz. Spaltbarkeit: vollkommen, aber wegen der faserigen Ausbildung meist nicht sichtbar; Bruch faserig. Tenazität: spröde. Kristallform: triklin; selten tafelig, meist faserig, strahlig, grobspätig. Vorkommen: in metamorphen Kalken. Begleitmineralien: Grossular, Vesuvian, Diopsid, Kalkspat.

Ähnliche Mineralien: Tremolit ist härter und säurebeständig.

6 Whiteit

Härte: 3-4.
Dichte: 2,6.
Strichfarbe: weiß.
Formel:
Ca(Fe,Mn)Mg$_2$Al$_2$(OH)$_2$(H$_2$O)$_8$(PO$_4$)$_4$

Farbe: braun; Glasglanz. Spaltbarkeit: vollkommen; Bruch uneben. Tenazität: spröde. Kristallform: monoklin; dicktafelig prismatisch. Vorkommen: in Phosphatlagerstätten. Begleitmineralien: Lazulith, Siderit.

Ähnliche Mineralien: Siderit hat eine andere Kristallform.

Fundort/Maßstab	
1 Amstall, Österreich 6fach	2 Fiesch, Schweiz 30fach
3 Connemara, Irland 1fach	4 Gila County, Arizona 7fach
5 Hoja, Niederösterreich 1fach	6 Yukon Territory, Kanada / 8fach

1, 2 Chabasit ⊘ ◉

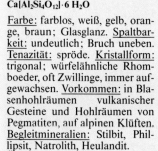

Härte: 4½.
Dichte: 2,08.
Strichfarbe: weiß.
Formel:
$Ca[Al_2Si_4O_{12}] \cdot 6\ H_2O$

Farbe: farblos, weiß, gelb, orange, braun; Glasglanz. Spaltbarkeit: undeutlich; Bruch uneben. Tenazität: spröde. Kristallform: trigonal; würfelähnliche Rhomboeder, oft Zwillinge, immer aufgewachsen. Vorkommen: in Blasenhohlräumen vulkanischer Gesteine und Hohlräumen von Pegmatiten, auf alpinen Klüften. Begleitmineralien: Stilbit, Phillipsit, Natrolith, Heulandit.

Ähnliche Mineralien: Kalkspat unterscheidet sich von Chabasit durch seine Spaltbarkeit und braust mit verdünnter Salzsäure; Flußspat hat ebenfalls eine deutliche Spaltbarkeit.

3,4 Apophyllit ⊘ ◉

Härte: 4½-5.
Dichte: 2,3-2,4.
Strichfarbe: weiß.
Formel:
$KCa_4[(F,OH)/(Si_4O_{10})_2] \cdot 8\ H_2O$

Farbe: farblos, weiß, gelb, grün, braun, rosa; Glasglanz, auf der Basis starker Perlmuttglanz. Spaltbarkeit: nach der Basis vollkommen; Bruch uneben. Tenazität: spröde. Kristallform: tetragonal; tafelig, würfelähnlich, prismatisch, auch bipyramidal, blättrig, körnig, derb. Vorkommen: in Blasenhohlräumen vulkanischer Gesteine, in Drusen und auf Klüften von Erzgängen, auf alpinen Klüften. Begleitmineralien: Stilbit, Heulandit, Skolezit.

Ähnliche Mineralien: Kristallform und Glanz unterscheiden Apophyllit von allen anderen Mineralien dieser Paragenese.

Graftonit ◈
(ohne Foto)

Härte: 5.
Dichte: 3,7.
Strichfarbe: weiß.
Formel: $(Fe,Mn,Ca)_3(PO_4)_2$

Farbe: lachsrot, rötlichbraun; Glasglanz bis Harzglanz. Spaltbarkeit: schlecht; Bruch uneben. Tenazität: spröde. Kristallform: monoklin; derb, eingewachsen, oft mit blauer Vivianitrinde. Vorkommen: in Phosphatpegmatiten. Begleitmineralien: Vivianit, Triphylin.

Ähnliche Mineralien: Wegen der charakteristischen Farbe ist Graftonit nicht zu verwechseln.

Gehlenit ◉ ◈
(ohne Foto)

Härte: 5.
Dichte: 3,03.
Strichfarbe: weiß.
Formel: $Ca_2Al_2SiO_7$.

Farbe: weiß, grau, bräunlich; Glasglanz. Spaltbarkeit: schlecht; Bruch muschelig. Tenazität: spröde. Kristallform: tetragonal; kurzprismatisch, dicktafelig, körnig, derb. Vorkommen: in calciumreichen, basischen Eruptivgesteinen und in metamorphen Gesteinen. Begleitmineralien: Fassait, Calcit.

Ähnliche Mineralien: Melilith kommt in anderen Gesteinen vor.

Fundort/Maßstab

1 Oberwiddersheim, Vogelsberg / 9fach	
2 Nidda, Vogelsberg 6fach	3 Korsnäs, Finnland 9fach
4 Poona, Indien / 3fach	

1 Pektolith ⬣

Härte: 5.
Dichte: 2,8.
Strichfarbe: weiß.
Formel: $Ca_2NaH[Si_3O_9]$

Farbe: farblos, weiß; Glasglanz, in Aggregaten seidig. Spaltbarkeit: keine; Bruch muschelig, Aggregate faserig. Tenazität: spröde. Kristallform: triklin; selten prismatisch, meist faserig, radialstrahlig. Vorkommen: auf Klüften basischer Ergußgesteine. Begleitmineralien: Prehnit, Diopsid, Thomsonit, Grossular.

Ähnliche Mineralien: Wollastonit kommt in ganz anderer Paragenese vor.

2 Gonnardit ⬣

Härte: 4½–5.
Dichte: 2,25.
Strichfarbe: weiß.
Formel: $Na_2Ca(Al,Si)_{10}O_{20} \cdot 6\,H_2O$

Farbe: weiß, farblos; Glasglanz. Spaltbarkeit: keine; Bruch faserig. Tenazität: spröde. Kristallform: orthorhombisch; radialstrahlig, faserig. Vorkommen: in Hohlräumen vulkanischer Gesteine. Begleitmineralien: Phillipsit, Calcit, Thomsonit.

Ähnliche Mineralien: Von Natrolith und Skolezit ist Gonnardit mit einfachen Mitteln nicht zu unterscheiden.

3 Goyazit ⊘ ⬢
Hamlinit

Härte: 4½.
Dichte: 3,2.
Strichfarbe: weiß.
Formel: $SrAl_3[(OH)_6/PO_4/PO_3OH]$

Farbe: farblos, weiß, gelb; Glasglanz. Spaltbarkeit: nach der Basis vollkommen; Bruch uneben. Tenazität: spröde. Kristallform: trigonal; rhomboedrisch, seltener pseudohexagonal, aufgewachsen. Vorkommen: in Drusen von Pegmatiten und Dolomiten; auf alpinen Klüften. Begleitmineralien: Zinkblende, Sulfosalze, Topas, Palermoit, Goedkenit.

Ähnliche Mineralien: Whitlockit ist weicher, Topas und Apatit härter; Dolomit und Kalkspat haben eine andere Spaltbarkeit.

4 Okenit ⬣

Härte: 4½–5.
Dichte: 2,3.
Strichfarbe: weiß.
Formel: $CaSi_2O_4(OH)_2 \cdot H_2O$

Farbe: farblos, weiß; Glasglanz. Spaltbarkeit: nicht erkennbar, Bruch uneben, faserig. Tenazität: spröde. Kristallform: triklin; nadelig, radialstrahlig, kugelige Büschel. Vorkommen: in Hohlräumen vulkanischer Gesteine. Begleitmineralien: Prehnit, Gyrolith.

Ähnliche Mineralien: Die kugeligen Nadelbüschel (Foto) sind charakteristisch, sonst ist Okenit aber mit einfachen Mitteln von Natrolith nicht zu unterscheiden.

Fundort/Maßstab

1 Rauschermühle, Pfalz / 2,2fach	
2 Schellkopf, Eifel 12fach	3 Fuchsbau, Fichtelgebirge / 4fach
4 Poona, Indien / 3fach	

1 Hemimorphit O_2
Kieselzinkerz

Härte: 5.
Dichte: 3,3–3,5.
Strichfarbe: weiß.
Formel: $Zn_4[(OH)_2/Si_2O_7]\cdot H_2O$

Farbe: farblos, weiß, grünlich, braun, gelblich; Glasglanz. Spaltbarkeit: vollkommen; Bruch muschelig. Tenazität: spröde. Kristallform: orthorhombisch; prismatisch bis nadelig, tafelig, strahlig, nierig, stalaktitisch, krustig. Vorkommen: in der Oxidationszone. Begleitmineralien: Smithsonit, Hydrozinkit, Aurichalcit.

Ähnliche Mineralien: Schwerspat ist deutlich schwerer.

2 Mordenit

Härte: 4–5.
Dichte: 2,15.
Strichfarbe: weiß.
Formel:
$(Ca,Na_2,K_2)Al_2Si_{10}O_{24}\cdot 7\,H_2O$

Farbe: farblos, weiß; Glasglanz. Spaltbarkeit: nicht erkennbar; Bruch faserig. Tenazität: spröde. Kristallform: orthorhombisch; nadelig, faserig, dicht. Vorkommen: in Hohlräumen vulkanischer Gesteine. Begleitmineralien: Chabasit, Phillipsit.

Ähnliche Mineralien: Natrolith ist mit einfachen Mitteln von Mordenit nicht unterscheidbar.

3 Wardit

Härte: 5.
Dichte: 2,81.
Strichfarbe: weiß.
Formel: $NaAl_3[(OH)_4/(PO_4)_2]\cdot 2\,H_2O$

Farbe: farblos, weiß, gelblich Glasglanz. Spaltbarkeit: nach der Basis vollkommen; Bruch uneben. Tenazität: spröde. Kristallform: tetragonal; oktaederähnliche Bipyramiden, aufgewachsen, radialstrahlig. Vorkommen: in Drusen von Pegmatiten, auf Klüften phosphathaltiger Sedimente. Begleitmineralien: Lazulith, Variscit.

Ähnliche Mineralien: Die typische Kristallform von Wardit läßt bei Beachtung der Paragenese kaum Verwechslungen zu

4, 5 Scheelit
Tungstein

Härte: 4½–5.
Dichte: 5,9–6,1.
Strichfarbe: weiß.
Formel: $CaWO_4$

Farbe: farblos, weiß, gelblich, grau, orange, braun; Fettglanz. Spaltbarkeit: meist schwer erkennbar; Bruch muschelig. Tenazität: spröde. Kristallform: tetragonal; meist Dipyramiden, selten mit Basis, oft derb, körnig. Vorkommen: in Pegmatiten, pneumatolytischen Gängen, hydrothermalen Golderzgängen, auf alpinen Klüften. Begleitmineralien: Fluorit, Quarz, Zinnstein, Wolframit. Besondere Eigenschaften: fluoresziert beim Bestrahlen mit der UV-Lampe.

Ähnliche Mineralien: Anatas fluoresziert nicht und hat einen anderen Glanz; Fluorit hat eine Spaltbarkeit nach dem Oktaeder und einen anderen Glanz.

Fundort/Maßstab

1 Wieden, Schwarzwald / 8fach	
2 Koromandel, Neuseeland / 6fach	3 Yukon Territory, Kanada / 4fach
4 Taewha, Korea / 1fach	5 Morro Velho, Brasilien 8fach

1, 2, 3, 4, 5 Apatit

Härte: 5.
Dichte: 3,16–3,22.
Strichfarbe: weiß.
Formel: Ca$_5$ [(F,Cl)/(PO$_4$)$_3$]

Farbe: farblos, gelb, blau grün, violett, rot; Glasglanz. Spaltbarkeit: nach der Basis manchmal deutlich; Bruch muschelig. Tenazität: spröde. Kristallform: hexagonal; prismatisch, lang- bis kurzsäulig, durch viele Flächen bisweilen kugelig, nadelig, auch derb, auf- und eingewachsen. Vorkommen: mikroskopisch in allen magmatischen Gesteinen, in freigewachsenen Kristallen auf deren Klüften und in Hohlräumen, in Pegmatiten, alpinen Klüften, als Konkretionen und Lager in Sedimenten. Begleitmineralien: Magnetit, Anatas, Rutil, Nephelin, Leucit.
Ähnliche Mineralien: Quarz, Beryll, Milarit, Phenakit sind härter; Calcit, Pyromorphit, Mimetesit weicher.

Sellait
(ohne Foto)

Härte: 5.
Dichte: 3,0.
Strichfarbe: weiß.
Formel: MgF$_2$

Farbe: farblos, weiß; Glasglanz. Spaltbarkeit: keine; Bruch muschelig. Tenazität: spröde. Kristallform: tetragonal; selten prismatisch, radialstrahlig, krustig, derb. Vorkommen: in Flußspatgängen und vulkanischen Auswürflingen. Begleitmineralien: Flußspat, Haematit, Sanidin, Topas.
Ähnliche Mineralien: Schwerspat ist deutlich schwerer und hat eine ausgezeichnete Spaltbarkeit; Topas eine andere Kristallform.

Wolfeit
(ohne Foto)

Härte: 5.
Dichte: 3,79.
Strichfarbe: weiß.
Formel: (Fe,Mn)$_2$PO$_4$OH

Farbe: braun; Harzglanz. Spaltbarkeit: schlecht; Bruch uneben. Tenazität: spröde. Kristallform: monoklin; strahlig, prismatisch, derb. Vorkommen: in Phosphatpegmatiten. Begleitmineralien: Hagendorfit, Zwieselit.
Ähnliche Mineralien: Zwieselit ist nie strahlig, aber manchmal mit einfachen Mitteln nicht von Wolfeit zu unterscheiden.

Triplit
(ohne Foto)

Härte: 5.
Dichte: 3,5–3,8.
Strichfarbe: weiß.
Formel: (Mn,Fe)$_2$(PO$_4$)F

Farbe: braun; Harzglanz. Spaltbarkeit: schlecht; Bruch uneben. Tenazität: spröde. Kristallform: monoklin; derb, eingewachsen. Vorkommen: in Phosphatpegmatiten. Begleitmineralien: Feldspat, Heterosit.
Ähnliche Mineralien: Wolfeit ist oft strahlig, sonst aber mit einfachen Mitteln nur schwer von Triplit zu unterscheiden.

Fundort/Maßstab

1 Epprechtstein, Bayern 3fach	2 Arendal, Norwegen 1fach
3 Val Val, Schweiz / 17fach	
4 Epprechtstein, Bayern 1,5fach	5 Panasqueira, Portugal 3fach

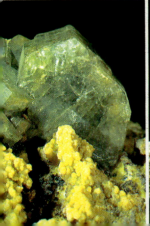

1 Vladimirit O_2

Härte: 5.
Dichte: 3,15.
Strichfarbe: weiß.
Formel: $Ca_5H_2(AsO_4)_4 \cdot 5H_2O$

Farbe: farblos, weiß; Glasglanz bis Seidenglanz. Spaltbarkeit: nicht erkennbar; Bruch uneben, faserig. Tenazität: spröde. Kristallform: monoklin; nadelig, radialstrahlig. Vorkommen: in der Oxidationszone. Begleitmineralien: Erythrin, Talmessit.
Ähnliche Mineralien: Pikropharmakolith ist mit einfachen Mitteln von Vladimirit nicht zu unterscheiden, findet sich aber viel häufiger als dieser.

2 Talmessit O_2

Härte: 5.
Dichte: 3,5.
Strichfarbe: weiß.
Formel: $Ca_2Mg(AsO_4)_2 \cdot 2H_2O$

Farbe: weiß; Glasglanz bis matt. Spaltbarkeit: keine; Bruch uneben. Tenazität: spröde. Kristallform: triklin; faserig, nierig, dicht. Vorkommen: nur in der Oxidationszone. Begleitmineralien: Pharmakolith, Pikropharmakolith.
Ähnliche Mineralien: Pikropharmakolith ist mit einfachen Mitteln von Talmessit nur schwer zu unterscheiden, hat aber einen höheren Glanz und ist viel weicher.

3 Mesolith 🏵 ⛰

Härte: 5–5½.
Dichte: 2,2.
Strichfarbe: weiß.
Formel: $Na_2Ca_2[Al_2Si_3O_{10}]_3 \cdot 8H_2O$

Farbe: farblos, weiß; Glas- bis Seidenglanz. Spaltbarkeit: meist nicht erkennbar; Bruch muschelig. Tenazität: spröde. Kristallform: monoklin; langprismatisch bis nadelig; faserig. Vorkommen: in Blasenhohlräumen von Ergußgesteinen. Begleitmineralien: Phillipsit, Stilbit, Apophyllit.
Ähnliche Mineralien: Natrolith und Skolezit sind mit einfachen Mitteln von Mesolith nicht zu unterscheiden.

4 Eosphorit 🏵

Härte: 5.
Dichte: 3,0.
Strichfarbe: weiß.
Formel: $(Mn,Fe)AlPO_4(OH)_2 \cdot H_2O$

Farbe: farblos, gelblich, braun; Glasglanz. Spaltbarkeit: keine. Bruch muschelig. Tenazität: spröde. Kristallform: monoklin; prismatisch, radialstrahlig. Vorkommen: in Phosphatpegmatiten. Begleitmineralien: Quarz, Feldspat, Fairfieldit.
Ähnliche Mineralien: Von Childrenit ist Eosphorit mit einfachen Mitteln nicht zu unterscheiden, sonst unverwechselbar.

5 Childrenit 🏵

Härte: 4½.
Dichte: 3,2.
Strichfarbe: weiß.
Formel: $(Fe,Mn)Al[(OH)_2/PO_4] \cdot H_2O$

Farbe: gelb bis braun; Glasglanz. Spaltbarkeit: meist nicht erkennbar; Bruch uneben. Tenazität: spröde. Kristallform: monoklin; prismatisch bis nadelig, seltener tafelig, krustig, derb. Vorkommen: in Drusen von Pegmatiten. Begleitmineralien: Strunzit, Laueit, Roscherit.
Ähnliche Mineralien: Das manganreiche Endglied Eosphorit ist mit einfachen Mitteln von Childrenit nicht zu unterscheiden, doch treten beide nicht gemeinsam auf.

Fundort/Maßstab	
1 Irhtem, Marokko 12fach	2 Markirch, Elsaß / 8fach
3 Poona, Indien / 1fach	
4 Taquaral, Brasilien 2fach	5 Greifenstein, Sachsen 20fach

1 Crandallit

Härte: 5.
Dichte: 2,78.
Strichfarbe: weiß.
Formel: $CaAl_3H[(OH)_6/(PO_4)_2] \cdot H_2O$

Farbe: farblos, weiß, beige, gelblich; Glasglanz. Spaltbarkeit: vollkommen nach der Basis, aber oft nicht erkennbar; Bruch uneben. Tenazität: spröde. Kristallform: trigonal; prismatisch bis nadelig, mit dreieckiger Endfläche, radialstrahlig. Vorkommen: auf Klüften phosphorhaltiger Sedimente. Begleitmineralien: Fluellit, Wavellit.

Ähnliche Mineralien: Von Wavellit unterscheidet sich Crandallit durch die dreieckige Endfläche.

2 Analcim ●

Härte: 5½.
Dichte: 2,2–2,3.
Strichfarbe: weiß.
Formel: $Na[AlSi_2O_6] \cdot H_2O$

Farbe: farblos, weiß, rötlich, orange, gelb; Glasglanz. Spaltbarkeit: undeutlich; Bruch muschelig. Tenazität: spröde. Kristallform: kubisch, fast nur Deltoidikositetraeder, auch derb, oft aufgewachsen. Vorkommen: in Blasenhohlräumen vulkanischer Gesteine, auf Erzgängen, in Syeniten und Basalten eingewachsen. Begleitmineralien: Kalkspat, Apophyllit, Quarz, Zeolithe.

Ähnliche Mineralien: Leucit in aufgewachsenen Kristallen ist mit einfachen Mitteln manchmal von Analcim nicht leicht zu unterscheiden.

3 Wagnerit ⊘

Härte: 5–5½.
Dichte: 3–3,15.
Strichfarbe: weiß.
Formel: $Mg_2[F/PO_4]$

Farbe: weiß, meist gelb bis gelbbraun; Fettglanz. Spaltbarkeit: keine; Bruch muschelig. Tenazität: spröde. Kristallform: monoklin; prismatisch, häufig in der Längsrichtung gestreift, derb eingewachsen. Vorkommen: auf Klüften und in Gängen innerhalb magnesiumreicher Gesteine. Begleitmineralien: Siderit, Magnesit, Quarz, Lazulith.

Ähnliche Mineralien: Siderit ist weicher; Quarz härter.

4 Thomsonit ●

Härte: 5–5½.
Dichte: 2,3–2,4.
Strichfarbe: weiß.
Formel: $NaCa_2[Al_5Si_5O_{20}] \cdot 6\ H_2O$

Farbe: farblos, weiß; Glasglanz. Spaltbarkeit: vollkommen; Bruch uneben. Tenazität: spröde. Kristallform: orthorhombisch; prismatisch, radialstrahlig, faserig. Vorkommen: in Blasenhohlräumen vulkanischer Gesteine. Begleitmineralien: Natrolith, Chabasit, Phillipsit.

Ähnliche Mineralien: Natrolith ist von Thomsonit mit einfachen Mitteln schwer unterscheidbar.

5 Karpholith
Strohstein

Härte: 5–5½.
Dichte: 3,0.
Strichfarbe: weiß.
Formel: $MnAl_2Si_2O_6(OH)_4$

Farbe: strohgelb; Glasglanz. Spaltbarkeit: vollkommen; Bruch faserig. Tenazität: spröde. Kristallform: orthorhombisch; faserig, radialstrahlig. Vorkommen: in hydrothermalen Gängen, in Zinnlagerstätten. Begleitmineralien: Quarz, Fluorit.

Ähnliche Mineralien: Farbe und Kristallform machen das Mineral unverwechselbar.

Fundort/Maßstab	
1 Blaton, Belgien / 4fach	2 Seiser Alm, Südtirol 1fach
3 Werfen, Österreich / 3fach	
4 Arensberg, Eifel / 2fach	5 Wippra, Sachsen 8fach

1, 2 Titanit
Sphen

Härte: 5-5½.
Dichte: 3,4-3,6.
Strichfarbe: weiß, selten leicht braun.
Formel: CaTi[O/SiO$_4$]

Farbe: farblos, weiß, gelb, grünlich, rot, braun, schwarzbraun, blau; Harzglanz. Spaltbarkeit: schwer erkennbar; Bruch muschelig. Tenazität: spröde. Kristallform: monoklin; tafelig bis prismatisch, oft Durchkreuzungszwillinge. Vorkommen: in vielen Magmatiten und kristallinen Schiefern, in alpinen Klüften, in Pegmatiten, Marmoren. Begleitmineralien: Quarz, Feldspat, Anatas, Rutil, Kalkspat.
Ähnliche Mineralien: Anatas ist deutlich tetragonal; Monazit leuchtet bei ungefiltertem UV-Licht grün.

3 Skolezit

Härte: 5½.
Dichte: 2,26-2,40.
Strichfarbe: weiß.
Formel: Ca[Al$_2$Si$_3$O$_{10}$]·3 H$_2$O

Farbe: farblos, weiß; Glasglanz. Spaltbarkeit: vollkommen, aber an den nadeligen Kristallen schlecht erkennbar; Bruch muschelig. Tenazität: spröde. Kristallform: monoklin; nadelig bis prismatisch, radialstrahlig. Vorkommen: auf Klüften von Graniten und Syeniten, auf alpinen Klüften, in Blasenhohlräumen vulkanischer Gesteine. Begleitmineralien: Apophyllit, Laumontit, Stilbit, Heulandit.
Ähnliche Mineralien: Natrolith ist generell etwas feinfaseriger und auf vulkanische Gesteine beschränkt, sonst aber mit einfachen Mitteln von Skolezit kaum zu unterscheiden.

4 Datolith

Härte: 5-5½.
Dichte: 2,9-3,0.
Strichfarbe: weiß.
Formel: CaB[OH/SiO$_4$]

Farbe: farblos, weiß, gelblich; Glasglanz, auf Bruchflächen fettig. Spaltbarkeit: keine; Bruch muschelig. Tenazität: spröde. Kristallform: monoklin; kurzprismatisch bis dicktafelig, körnig, faserig, nierig, derb. Vorkommen: in Blasenhohlräumen vulkanischer Gesteine, Erzgängen, alpinen Klüften. Begleitmineralien: Apophyllit, Stilbit, Heulandit.
Ähnliche Mineralien: Kalkspat ist weicher; Apophyllit weicher und hat einen anderen Glanz.

5 Natrolith

Härte: 5-5½.
Dichte: 2,2-2,4.
Strichfarbe: weiß.
Formel: Na$_2$[Al$_2$Si$_3$O$_{10}$]·2 H$_2$O

Farbe: farblos, weiß, gelblich; Glasglanz. Spaltbarkeit: vollkommen, aber wegen der nadeligen Ausbildung der Kristalle meist nicht erkennbar; Bruch muschelig. Tenazität: spröde. Kristallform: orthorhombisch; prismatisch bis nadelig, faserige Krusten. Vorkommen: in Blasenhohlräumen vulkanischer Gesteine, in Syeniten und Nephelinsyeniten. Begleitmineralien: Phillipsit, Analcim, Chabasit.
Ähnliche Mineralien: Mesolith und Skolezit lassen sich von Natrolith schwer unterscheiden, sind aber viel seltener, Skolezit kommt zudem oft in anderer Paragenese vor; Thomsonit hat eine andere Kristallform.

Fundort/Maßstab	
1 Pfitschtal, Südtirol 2fach	2 Habachtal, Österreich 6fach
3 Schattig Wichel, Schweiz / 4fach	
4 Paterson, New Jersey, USA / 6fach	5 Oberwiddersheim, Vogelsberg / 6fach

1, 2 Monazit

Härte: 5-5½.
Dichte: 4,9-5,5.
Strichfarbe: weiß.
Formel: CePO$_4$

Farbe: farblos, orange, braun durchsichtig, braun bis dunkelbraun undurchsichtig; Glas- bis Fettglanz. Spaltbarkeit: manchmal sichtbar; Bruch muschelig. Tenazität: spröde. Kristallform: monoklin; dicktafelig bis prismatisch, seltener derb, auf- und eingewachsen. Vorkommen: in Magmatiten mikroskopisch verteilt, in Pegmatiten, Seifen, auf alpinen Klüften. Begleitmineralien: Quarz, Feldspat, Xenotim, Gadolinit, Anatas, Rutil.
Ähnliche Mineralien: Titanit hat eine andere Kristallform.

3, 4 Herderit

Härte: 5.
Dichte: 2,8-3.
Strichfarbe: weiß.
Formel: CaBe[(F,OH)/PO$_4$]

Farbe: farblos, weiß, gelblich, violett; Glasglanz. Spaltbarkeit: keine; Bruch muschelig. Tenazität: spröde. Kristallform: monoklin; prismatisch, aufgewachsen. Vorkommen: in Drusen von Pegmatiten. Begleitmineralien: Topas, Turmalin, Apatit.
Ähnliche Mineralien: Apatit hat eine deutlich hexagonale Symmetrie; Topas und Quarz sind härter.

5 Eudialyt

Härte: 5-5½.
Dichte: 2,8.
Strichfarbe: weiß.
Formel: Na$_4$(Ca,Fe,Ce)$_2$ZrSi$_6$O$_{17}$(OH)$_2$

Farbe: gelblichbraun, rotbraun rosa, rot; Glasglanz bis Fettglanz. Spaltbarkeit: keine; Bruch muschelig. Tenazität: spröde. Kristallform: trigonal; dicktafelig, prismatisch, derb. Vorkommen: in Alkaligesteinen. Begleitmineralien: Zirkon, Nephelin.
Ähnliche Mineralien: Bei Beachtung der Paragenese von Eudialyt ist keine Verwechslung möglich; Granat ist viel härter.

Cerit
(ohne Foto)

Härte: 5-5½.
Dichte: 4,7-4,8.
Strichfarbe: weiß.
Formel: (Ca,Mg)Ce$_8$(SiO$_4$)$_7$ · 3 H$_2$O

Farbe: rosa bis fleischrot; Glasglanz. Spaltbarkeit: keine; Bruch uneben. Tenazität: spröde. Kristallform: trigonal; oktaederähnlich, körnig, derb. Vorkommen: in Pegmatiten und Selten-Erden-Lagerstätten. Begleitmineralien: Linneit, Bastnäsit.
Ähnliche Mineralien: Farbe und Lagerstättentyp lassen kaum eine Verwechslung von Cerit zu.

Fundort/Maßstab

1 Königsalm, Österreich 8fach	2 Gerental, Schweiz 20fach
3 Virgem da Lapa, Brasilien / 5fach	
4 Zufuhrt, Fichtelgebirge 3fach	5 Ilimaussaq, Grönland 3fach

1 Nosean ⬢

Härte: 5½.
Dichte: 2,3.
Strichfarbe: weiß.
Formel: $Na_8Al_6Si_6O_{24}SO_4$

Farbe: weiß, beige, grau, braun, schwarz; Glasglanz bis Fettglanz. Spaltbarkeit: keine; Bruch muschelig. Tenazität: spröde. Kristallform: kubisch; Rhombendodekaeder, sechsseitige Säulen (Zwillinge), derb. Vorkommen: in vulkanischen Gesteinen. Begleitmineralien: Sanidin, Biotit, Zirkon.
Ähnliche Mineralien: Zirkon ist deutlich tetragonal.

2 Hureaulith ✦

Härte: 5.
Dichte: 3,2.
Strichfarbe: weiß.
Formel: $(Mn,Fe)_5H_2[PO_4]_4 \cdot 4\,H_2O$

Farbe: rosa, rötlich, bräunlich, gelb, weiß, farblos; Glasglanz. Spaltbarkeit: keine; Bruch uneben. Tenazität: spröde. Kristallform: monoklin; prismatisch, mit schiefen Endflächen, strahlig, derb. Vorkommen: in Phosphatpegmatiten. Begleitmineralien: Rockbridgeit, Phosphoferrit, Reddingit.
Ähnliche Mineralien: Strengit hat eine andere Kristallform.

3 Soerensenit ✦

Härte: 5½.
Dichte: 2,9.
Strichfarbe: weiß.
Formel: $Na_4SnBe_2Si_6O_{16}(OH)_4$

Farbe: weiß, rosa; Glasglanz. Spaltbarkeit: schlecht; Bruch uneben. Tenazität: spröde. Kristallform: monoklin; langtafelig, strahlig. Vorkommen: in Alkaligesteinen. Begleitmineralien: Analcim, Nephelin, Neptunit.
Ähnliche Mineralien: Bei Beachtung der Paragenese ist Soerensenit kaum verwechselbar.

4 Willemit O_2

Härte: 5½.
Dichte: 4,0.
Strichfarbe: weiß.
Formel: $Zn_2[SiO_4]$

Farbe: farblos, weiß, gelb, grünlich, grau, braun; fettiger Glasglanz. Spaltbarkeit: keine; Bruch splittrig. Tenazität: spröde. Kristallform: trigonal; kurz- bis langprismatisch, körnig, derb. Vorkommen: in der Oxidtionszone, in metamorphen Zinklagerstätten. Begleitmineralien: Zinkit, Franklinit, Smithsonit, Hydrozinkit.
Ähnliche Mineralien: Kalkspat, Pyromorphit, Mimetesit und Vanadinit sind weicher.

5 Bavenit ✦

Härte: 5½.
Dichte: 2,7.
Strichfarbe: weiß.
Formel: $Ca_4Al_2Be_2[(OH)_2/Si_9O_{26}]$

Farbe: farblos, weiß; Glasglanz, auf Spaltflächen Perlmuttglanz. Spaltbarkeit: vollkommen; Bruch blättrig. Tenazität: spröde. Kristallform: orthorhombisch; tafelig bis nadelig, oft zu Rosetten gruppiert, filzig, blättrig, pulvrig, derb, aufgewachsen. Vorkommen: in Drusen von Pegmatiten, auf alpinen Klüften. Begleitmineralien: Milarit, Bityit, Bertrandit, Zeolithe.
Ähnliche Mineralien: Stilbit und Laumontit haben eine andere Kristallform; Tremolit ist härter; typisch ist die Paragenese von Bavenit mit anderen Berylliummineralien.

Fundort/Maßstab

1 Mendig, Eifel / 15fach	2 Hagendorf, Ostbayern 5fach
3 Ilimaussaq, Grönland / 2fach	
4 Tsumeb, Namibia 10fach	5 Plank, Niederösterreich 4,5fach

1, 2 Perowskit 🌐 🔷

__Härte:__ 5½.
__Dichte:__ 4,0–4,8.
__Strichfarbe:__ weiß bis grau.
__Formel:__ $CaTiO_3$

Farbe: pechschwarz, verschiedene Brauntöne von schwarz- bis gelbbraun, undurchsichtig bis durchscheinend; Fettglanz, mitunter metallisch. Spaltbarkeit: mäßig bis gut; Bruch uneben bis muschelig. Tenazität: spröde. Kristallform: orthorhombisch; pseudokubisch, manchmal Kristallskelette, auf- und eingewachsen, auch derbe, feinkristalline Massen. Vorkommen: als Nebengemengteil in Alkaligesteinen und deren Pegmatiten (zum Beispiel Alkalipyroxeniten und besonders Karbonatiten), in vielen Basalten, auf deren Klüften und in Hohlräumen, am Kontakt der genannten Gesteine mit Kalken, in kristallinen Schiefern der Epi- und Mesozone. Begleitmineralien: Nephelin, Leucit, Melilith, Magnetit, Pyroxen in vulkanischen Gesteinen, Klinochlor, Magnetit, Diopsid, Vesuvian und Titanit auf Klüften in Metamorphiten.
Ähnliche Mineralien: Magnetit ist magnetisch und hat eine schwarze Strichfarbe; Melanit ist härter.

3 Brasilianit 🌐

__Härte:__ 5½.
__Dichte:__ 2,98.
__Strichfarbe:__ weiß.
__Formel:__ $NaAl_3[(OH)_2/PO_4]_2$

Farbe: gelb bis weißlich; Glasglanz. Spaltbarkeit: vollkommen senkrecht zur b-Achse; Bruch uneben. Tenazität: spröde. Kristallform: monoklin; prismatisch, aufgewachsen. Vorkommen: in Drusen von Pegmatiten. Begleitmineralien: Muskovit, Albit, Mikroklin.
Ähnliche Mineralien: Topas und Albit sind härter.

4 Inesit 🌐

__Härte:__ 5½.
__Dichte:__ 3,0.
__Strichfarbe:__ weiß.
__Formel:__ $Ca_2Mn_7Si_{10}O_{28}(OH)_2 \cdot 5 H_2O$

Farbe: rosa; Glasglanz. Spaltbarkeit: vollkommen; Bruch uneben. Tenazität: spröde. Kristallform: triklin; scharfkantig, radialstrahlig. Vorkommen: in Manganlagerstätten. Begleitmineralien: Rhodochrosit, Rhodonit.
Ähnliche Mineralien: Rhodochrosit hat nicht so scharfkantige Kristalle.

5 Hiortdahlit 🌐

__Härte:__ 5½.
__Dichte:__ 3,2.
__Strichfarbe:__ weiß.
__Formel:__ $(Ca,Na)_{13}Zr_3Si_9(O,OH)_{33}$

Farbe: gelb, gelbbraun; Glasglanz. Spaltbarkeit: schlecht Bruch uneben. Tenazität: spröde. Kristallform: triklin; tafelig langtafelig, eingewachsen. Vorkommen: in Alkaligesteinen. Begleitmineralien: Feldspat, Nephelin.
Ähnliche Mineralien: Melinophan und Wöhlerit sind mit einfachen Mitteln von Hiortdahlit nicht zu unterscheiden.

Fundort/Maßstab

1 Zermatt, Schweiz 3fach	2 Üdersdorf, Eifel 10fach
3 Consolheira Peña, Brasilien / 1fach	
4 Trinity County, Kalifornien / 2fach	5 Risöya, Norwegen 5fach

1 Türkis O_2

Härte: 5-6.
Dichte: 2,6–2,8.
Strichfarbe: weiß.
Formel: $CuAl_6[(OH)_2/PO_4]_4 \cdot 4H_2O$

Farbe: hellblau, blaugrün, hellgrün; Wachsglanz bis matt. Spaltbarkeit: keine; Bruch muschelig. Tenazität: spröde. Kristallform: triklin; selten winzige rhomboederähnliche Kristalle, meist derbe, nierige Massen, krustig, als Spaltenfüllung. Vorkommen: auf Klüften, als Spaltenfüllungen in zersetzten Gesteinen. Begleitmineralien: Limonit, Chalcedon.

Ähnliche Mineralien: Chrysokoll ist weicher, Azurit viel tiefer blau; Variscit deutlich grün.

2 Cancrinit

Härte: 5-6.
Dichte: 2,4–2,6.
Strichfarbe: weiß.
Formel: $Na_6Ca_2[(CO_3)_2/(AlSiO_4)_6]$

Farbe: farblos, weiß, gelblich, rosa; Glasglanz, auf Spaltflächen Perlmuttglanz. Spaltbarkeit: nach der Basis vollkommen; Bruch uneben. Tenazität: spröde. Kristallform: hexagonal; prismatisch, nadelig, kurzsäulig, körnig, derb. Vorkommen: in Nephelinsyeniten und vulkanischen Auswürflingen. Begleitmineralien: Nephelin, Sanidin.

Ähnliche Mineralien: Nephelin hat eine viel schlechtere Spaltbarkeit.

3 Tremolit

Grammatit
Härte: 5½-6.
Dichte: 2,9–3,1.
Strichfarbe: weiß.
Formel: $Ca_2Mg_5[OH/Si_4O_{11}]_2$

Farbe: weiß bis lichtgrün; Glasglanz. Spaltbarkeit: wegen der strahligen Ausbildung meist nicht erkennbar; Bruch faserig. Tenazität: spröde. Kristallform: monoklin; langprismatisch, stengelig, strahlig. Vorkommen: in Marmoren, Dolomiten, Talkschiefern. Begleitmineralien Kalkspat, Dolomit, Diaspor.

Ähnliche Mineralien: Wollastonit wird von Salzsäure zersetzt und ist etwas weicher.

4 Tuscanit

Härte: 5½.
Dichte: 2,83.
Strichfarbe: weiß.
Formel: $K(Ca,Na)_6(Si,Al)_{10}O_{22}(SO_4, CO_3(OH)_2) \cdot H_2O$

Farbe: weiß, beige; Glasglanz. Spaltbarkeit: schlecht; Bruch uneben. Tenazität: spröde. Kristallform: monoklin; prismatisch, dicktafelig. Vorkommen: in vulkanischen Auswürflingen. Begleitmineralien: Sanidin, Pyroxen.

Ähnliche Mineralien: Latiumit ist mit einfachen Mitteln von Tuscanit nicht zu unterscheiden.

5 Pyrochlor

Härte: 5½-6.
Dichte: 4,3–6,4.
Strichfarbe: weiß.
Formel:
$(Na,Ca,U)_2(Nb,Ti,Ta)_2O_6(OH,F,O)$

Farbe: gelb, orange, rötlich; Glasglanz. Spaltbarkeit: keine; Bruch muschelig. Tenazität: spröde. Kristallform: kubisch; meist Oktaeder, selten Würfel, ein- und aufgewachsen. Vorkommen: in Karbonatiten und vulkanischen Auswürflingen. Begleitmineralien: Kalkspat, Biotit, Cancrinit.

Ähnliche Mineralien: Die typische Paragenese macht Pyrochlor unverwechselbar.

Fundort/Maßstab

1 Nishapur, Iran / 2fach	2 Kruft, Eifel / 18fach
3 Campolungo, Tessin, Schweiz / 0,75fach	
4 Sacrofano, Toskana 15fach	5 Kruft, Eifel / 30fach

1 Beryllonit

Härte: 5½–6.
Dichte: 2,8.
Strichfarbe: weiß.
Formel: $NaBePO_4$

Farbe: farblos, weiß; Glasglanz. Spaltbarkeit: vollkommen; Bruch muschelig. Tenazität: spröde. Kristallform: monoklin; dicktafelig, oft linsenförmig gerundet. Vorkommen: in Pegmatiten. Begleitmineralien: Turmalin, Albit.
Ähnliche Mineralien: Apatit hat keine vollkommene Spaltbarkeit.

2, 3 Anatas

Härte: 5½–6.
Dichte: 3,8–3,9.
Strichfarbe: weiß.
Formel: TiO_2

Farbe: farblos, rosa, rot, gelb, braun, blau, schwarz; Metallglanz bis Diamantglanz. Spaltbarkeit: meist nicht sichtbar; Bruch uneben. Tenazität: spröde. Kristallform: tetragonal; spitze bis flache Bipyramiden, tafelig, praktisch nur aufgewachsen, oft horizontal gestreift. Vorkommen: in alpinen Klüften, Tonen, Sandsteinen. Begleitmineralien: Brookit, Rutil, Titanit, Quarz, Haematit, Feldspat.
Ähnliche Mineralien: Magnetit und Haematit haben einen anderen Strich; Brookit besitzt eine andere Kristallform.

4 Amblygonit

Härte: 6.
Dichte: 3,0–3,1.
Strichfarbe: weiß.
Formel: $(Li, Na) Al[(F, OH)/PO_4]$

Farbe: weiß, gelb, bläulich, grünlich, grau; Glasglanz, auf Spaltflächen Perlmuttglanz. Spaltbarkeit: in vier Richtungen verschieden gut; Bruch uneben. Tenazität: spröde. Kristallform: triklin; Kristalle selten, meist spätig, körnig, eingewachsen. Vorkommen: in Pegmatiten, pneumatolytischen Gängen. Begleitmineralien: Apatit, Zinnstein, Quarz, Feldspat, Spodumen.
Ähnliche Mineralien: Derber Feldspat ist manchmal mit einfachen Mitteln von Amblygonit nicht zu unterscheiden.

5 Anthophyllit

Härte: 5½–6.
Dichte: 2,8–3,6.
Strichfarbe: weiß.
Formel: $(Mg,Fe)_7Si_8O_{22}(OH)_2$

Farbe: weiß, grau, grünlich; Glasglanz. Spaltbarkeit: vollkommen; Bruch faserig. Tenazität: spröde. Kristallform: orthorhombisch; prismatisch, radialstrahlig. Vorkommen: in metamorphen Gesteinen. Begleitmineralien: Feldspat, Glimmer.
Ähnliche Mineralien: Aktinolith ist mit einfachen Mitteln von Anthophyllit nicht unterscheidbar.

6 Brookit
Arkansit

Härte: 5½–6.
Dichte: 4,1.
Strichfarbe: hellbräunlich bis weiß.
Formel: TiO_2

Farbe: braun, grünlich bis schwärzlich, meist durchscheinend; Diamantglanz. Spaltbarkeit: undeutlich; Bruch uneben. Tenazität: spröde. Kristallform: orthorhombisch; dünntafelig, selten scheinbar hexagonale Dipyramiden. Vorkommen: auf alpinen Klüften. Begleitmineralien: Anatas, Rutil, Quarz, Feldspat, Haematit, Titanit.
Ähnliche Mineralien: Haematit hat einen anderen Strich; Anatas ist immer deutlich tetragonal.

Fundort/Maßstab

1 Newry, Maine, USA 4fach	2 Hardangervidda, Norwegen / 8fach
3 Binntal, Schweiz 2fach	4 Viitaniemi, Finnland 2fach
5 Paala, Finnland 2fach	6 Maderanertal, Schweiz 6fach

1 Sodalith

Härte: 5-6.
Dichte: 2,3.
Strichfarbe: weiß.
Formel: $Na_8[Cl_2/(AlSiO_4)_6]$

Farbe: farblos, weiß, grau, blau; Glasglanz, auf dem Bruch Fettglanz. Spaltbarkeit: meist nicht sichtbar; Bruch muschelig. Tenazität: spröde. Kristallform: kubisch; Rhombendodekaeder, derb, körnig. Vorkommen: in Syeniten, Basalten, Phonolithen, Tephriten, in vulkanischen Auswürflingen. Begleitmineralien: Nephelin, Haematit, Pseudobrookit, Augit, Hornblende.
Ähnliche Mineralien: Leucit und Analcim zeigen eine andere Kristallform.

2 Lazulith

Blauspat
Härte: 5-6.
Dichte: 3,0.
Strichfarbe: weiß.
Formel: $(Mg,Fe)Al_2[OH/PO_4]_2$

Farbe: hell- bis dunkelblau; Glas- bis Fettglanz. Spaltbarkeit: meist nicht erkennbar; Bruch splittrig. Tenazität: spröde. Kristallform: monoklin; prismatisch, spitzpyramidal, tafelig, ein- und aufgewachsen, derb. Vorkommen: in Quarziten, selten in Pegmatiten. Begleitmineralien: Quarz, Wagnerit.
Ähnliche Mineralien: Vivianit ist weicher; Scorzalith auf eisenreiche Paragenesen beschränkt.

3 Leucit

Härte: 5½-6.
Dichte: 2,5.
Strichfarbe: weiß.
Formel: $KAlSi_2O_6$

Farbe: farblos, weiß; Glasglanz. Spaltbarkeit: keine; Bruch uneben. Tenazität: spröde. Kristallform: tetragonal, pseudokubisch, Deltoidikositetraeder, meist eingewachsen. Vorkommen: in vulkanischen Gesteinen. Begleitmineralien: Augit, Biotit
Ähnliche Mineralien: Analcim ist meist aufgewachsen, oft aber schwer von Leucit zu unterscheiden.

4 Nephelin

Eläolith
Härte: 5½-6.
Dichte: 2,60-2,65.
Strichfarbe: weiß.
Formel: $KNa_3[AlSiO_4]_4$

Farbe: farblos, weiß, gelblich; Glasglanz. Spaltbarkeit: meist nicht erkennbar; Bruch muschelig. Tenazität: spröde. Kristallform: hexagonal; prismatisch bis kurzsäulig, körnig, derb. Vorkommen: in kieselsäurearmen Gesteinen und vulkanischen Auswürflingen. Begleitmineralien: Melilith, Apatit, Augit, Magnetit.
Ähnliche Mineralien: Apatit ist etwas weicher.

5 Latiumit

Härte: 5½-6.
Dichte: 2,9.
Strichfarbe: weiß.
Formel:
$K(Ca,Na)_3(Al,Si)_5O_{11}(SO_4,CO_3)$

Farbe: weiß; Glasglanz. Spaltbarkeit: vollkommen; Bruch uneben. Tenazität: spröde. Kristallform: monoklin; prismatisch, tafelig. Vorkommen: in vulkanischen Auswürflingen. Begleitmineralien: Pyroxen, Grossular.
Ähnliche Mineralien: Tuscanit ist von Latiumit mit einfachen Mitteln nicht zu unterscheiden.

Fundort/Maßstab

1 Swartbooisdrif, Namibia / 1,2fach	2 Werfen, Salzburg 4fach
3 Roccamonfina, Italien / 5fach	
4 Üdersdorf, Eifel 15fach	5 Sacrofano, Italien 15fach

1|2

3

4|5

1 Hauyn

Härte: 5–6.
Dichte: 2,5.
Strichfarbe: weiß.
Formel: $(Na,Ca)_{8-4}[(SO_4)_{2-1}/(AlSiO_4)_6]$

Farbe: farblos, weiß, grau, meist tiefblau, durchsichtig bis durchscheinend; Glasglanz. Spaltbarkeit: schlecht sichtbar; Bruch muschelig. Tenazität: spröde. Kristallform: kubisch; meist Rhombendodekaeder, ein- und aufgewachsen. Vorkommen: in Phonoliten, Basalten, vulkanischen Auswürflingen. Begleitmineralien: Sanidin, Nephelin, Leucit, Augit, Hornblende.
Ähnliche Mineralien: Sodalith ist in gleicher Paragenese meist nicht blau; von Lapis-Lazuli ist Hauyn in gleicher Paragenese kaum zu unterscheiden.

2 Franzinit

Härte: 5.
Dichte: 2,5.
Strichfarbe: weiß.
Formel: $(Na,Ca)_7(Si,Al)_{12}O_{24}(SO_4,CO_3,OH,Cl)_3 \cdot H_2O$

Farbe: weiß; Glasglanz. Spaltbarkeit: keine; Bruch uneben. Tenazität: spröde. Kristallform: hexagonal; linsenförmig, tafelig. Vorkommen: in vulkanischen Auswürflingen. Begleitmineralien: Pyroxen, Grossular.
Ähnliche Mineralien: Sanidin hat eine vollkommene Spaltbarkeit.

3 Klinohumit

Härte: 6.
Dichte: 3,3.
Strichfarbe: weiß.
Formel: $Mg_9Si_4O_{16}(F,OH)_2$

Farbe: orange; Glasglanz. Spaltbarkeit: schlecht; Bruch uneben. Tenazität: spröde. Kristallform: monoklin; flächenreich, isometrisch, derb, eingewachsen. Vorkommen: in metamorphen Kalksteinen. Begleitmineralien: Spinell, Forsterit.
Ähnliche Mineralien: Humit ist mit einfachen Mitteln von Klinohumit nicht zu unterscheiden.

4, 5, 6 Opal

Härte: 5–6½.
Dichte: 1,9–2,2.
Strichfarbe: weiß.
Formel: $SiO_2 \cdot nH_2O$

Farbe: farblos, durchsichtig (Hyalith); weiß, undurchsichtig (Milchopal); weißlich, bläulich mit Farbenspiel (Edelopal); rot bis orange, durchscheinend bis durchsichtig (Feueropal); grün, rot, braun, gelb, undurchsichtig (gemeiner Opal); Wachs- bis Glasglanz, manchmal irisierendes Farbenspiel. Spaltbarkeit: keine; Bruch muschelig. Tenazität: spröde. Kristallform: amorph; derb eingewachsen. Vorkommen: in Hohlräumen vulkanischer Gesteine, in Sedimenten auf Höhe des Grundwasserspiegels, als Absatz heißer Quellen (Geysirit). Begleitmineralien: Zeolithe, Chalcedon.
Ähnliche Mineralien: Chalcedon kann ähnlich sein, ist dann mit einfachen Mitteln von gemeinem Opal nicht zu unterscheiden; Edelopal unterscheidet sich immer durch sein Farbenspiel.

Fundort/Maßstab

1 Mendig, Eifel / 18fach	2 Pitigliano, Toskana 6fach
3 Vesuv, Italien / 20fach	4 Queretaro, Mexiko 3fach
5 Valec, CSSR / 2fach	6 Presov, CSSR / 2fach

1 Rhodonit 🜚

Härte: 5½–6½.
Dichte: 3,73.
Strichfarbe: weiß.
Formel: CaMn₄|Si₅O₁₅|

Farbe: rosa, fleischrot, braunrot; Glasglanz. Spaltbarkeit: vollkommen; Bruch uneben. Tenazität: spröde. Kristallform: triklin; tafelig bis prismatisch, spätig, derb. Vorkommen: in metamorphen Manganlagerstätten, Erzgängen. Begleitmineralien: Rhodochrosit, Quarz, Spessartin, Bleiglanz, Pyrit.
Ähnliche Mineralien: Rhodochrosit ist weicher; Pyroxmangit ist mit einfachen Mitteln von Rhodonit nicht unterscheidbar.

2 Gorceixit ⊘

Härte: 6.
Dichte: 3,3.
Strichfarbe: weiß.
Formel: BaAl₃(PO₄)₂(OH)₅·H₂O

Farbe: weiß, braun; Glasglanz. Spaltbarkeit: keine; Bruch muschelig. Tenazität: spröde. Kristallform: trigonal; tafelig, nierig, radialstrahlig. Vorkommen: in Phosphatlagerstätten. Begleitmineralien: Lazulith, Wardit.
Ähnliche Mineralien: Augelith hat eine andere Kristallform.

3 Diopsid 🜚 🜚

Härte: 6.
Dichte: 3,3.
Strichfarbe: weiß.
Formel: CaMg|Si₂O₆|

Farbe: farblos, weiß, grün, blau, gelb, braun; Glasglanz. Spaltbarkeit: erkennbar, Spaltwinkel ungefähr 90°; Bruch uneben. Tenazität: spröde. Kristallform: monoklin; prismatisch, strahlig, stengelig, derb. Vorkommen: in Tiefengesteinen, Marmoren, Kalksilikatfelsen, auf alpinen Klüften. Begleitmineralien: Kalkspat, Grossular.
Ähnliche Mineralien: Hornblende hat einen anderen Spaltwinkel; Epidot eine andere Kristallform und typische Farbe.

4 Humit 🜚 🜚

Härte: 6.
Dichte: 3,2.
Strichfarbe: weiß.
Formel: Mg₇Si₃O₁₂(F,OH)₂

Farbe: orange bis braun; Glasglanz. Spaltbarkeit: keine; Bruch muschelig. Tenazität: spröde. Kristallform: orthorhombisch flächenreich, derb. Vorkommen: in metamorphen Kalksteinen, vulkanischen Auswürflingen. Begleitmineralien: Spinell, Calcit.
Ähnliche Mineralien: Klinohumit ist mit einfachen Mitteln von Humit nicht zu unterscheiden.

5 Skapolith 🜚 🜚

Härte: 5–6½.
Dichte: 2,54–2,77.
Strichfarbe: weiß.
Mischkristallreihe mit den Endgliedern Marialith Na₈|(Cl₂,SO₄,CO₃)/(AlSi₃O₈)₆| und Mejonit Ca₈|(Cl₂,SO₄,CO₃)₂/(Al₂Si₂O₈)₆|.

Farbe: farblos, weiß, gelblich, grünlich, bläulich, rötlich, violett; Glasglanz. Spaltbarkeit: vollkommen; Bruch muschelig. Tenazität: spröde. Kristallform: tetragonal; prismatisch; stengelig, strahlig, körnig. Vorkommen: in Kontaktlagerstätten und vulkanischen Auswürflingen, auf alpinen Klüften, in metamorphen Gesteinen. Begleitmineralien: Muskovit, Kalkspat.
Ähnliche Mineralien: Kalkspat ist trigonal und weicher; Zirkon härter; Vesuvian hat keine Spaltbarkeit.

Fundort/Maßstab	
1 Broken Hill, Australien 3fach	2 Yukon Territory, Kanada / 15fach
3 Alpe Mussa, Italien / 2,5fach	
4 Vesuv, Italien / 6fach	5 Mt. St. Hilaire, Kanada 1,5fach

1, 2, 3 Kalifeldspat

Härte: 6.
Dichte: 2,53–2,56.
Strichfarbe: weiß.
Formel: K[AlSi$_3$O$_8$]

Hiervon existieren zwei Modifikationen: der bei hohen Temperaturen gebildete monokline Orthoklas und der bei niedrigen Temperaturen gebildete trikline Mikroklin. Orthoklas ist meist mehr oder weniger unter Beibehaltung der äußeren Form in Mikroklin umgewandelt, das heißt mikroklinisiert. Als Sanidin wird klarer, bei hohen Temperaturen gebildeter Kalifeldspat aus vulkanischen Gesteinen bezeichnet. Adular ist ein Kalifeldspat hydrothermaler Entstehung, der mit typischer Tracht besonders in alpinen Klüften auftritt. Amazonit ist ein grüner Kalifeldspat pegmatitischer Herkunft.

Farbe: farblos, weiß, gelb, braun, fleischrot, grün; Glasglanz. **Spaltbarkeit:** nach dem Basispinakoid vollkommen, nach dem seitlichen Pinakoid weniger vollkommen; Bruch muschelig. **Tenazität:** spröde. **Kristallform:** monoklin (Orthoklas) und triklin (Mikroklin); prismatisch, tafelig, auch rhomboedrisch (Adular), oft Zwillinge, oft derb in großen Massen. **Vorkommen:** in Graniten, Syeniten, Trachyten, Rhyolithen, Gneisen, Arkosen, Grauwacken, Pegmatiten, auf alpinen Klüften, auf Klüften und als Gangart in hydrothermalen Gängen. **Begleitmineralien:** Quarz, Muskovit, Biotit, Plagioklas, Granat, Turmalin und andere.

Ähnliche Mineralien: Quarz hat keine Spaltbarkeit; Kalkspat, Schwerspat, Gips, Dolomit sind weicher; Plagioklas zeigt andere Kristallformen, ist aber im derben Zustand von Kalifeldspat nicht immer mit einfachen Mitteln zu unterscheiden.

4, 5 Plagioklas

Härte: 6–6½.
Dichte: 2,61–2,77.
Strichfarbe: weiß.

Die Plagioklase bilden eine Mischungsreihe mit den beiden Endgliedern Albit Na[AlSi$_3$O$_8$] und Anorthit Ca[Al$_2$Si$_2$O$_8$]. Die Mischungsglieder haben je nach Mischungsverhältnis verschiedene Namen:

Albit	90–100% Albit
Oligoklas	70– 90% Albit
Andesin	50– 70% Albit
Labradorit	30– 50% Albit
Bytownit	10– 30% Albit
Anorthit	0– 10% Albit

Die Unterscheidung der einzelnen Mischungsglieder mit einfachen Mitteln ist meist nicht möglich, manchmal gibt die Paragenese Hinweise.

Farbe: farblos, weiß, grünlich, rötlich, grau; Glasglanz. **Spaltbarkeit:** nach dem Basispinakoid vollkommen, nach dem seitlichen Pinakoid weniger vollkommen; Bruch muschelig. **Tenazität:** spröde. **Kristallform:** triklin, prismatisch bis tafelig, häufig Zwillinge; Periklin wird der verzwillingte, porzellanweiße Plagioklas der alpinen Klüfte genannt; häufig derb. **Vorkommen:** in Graniten, Gabbros, Anorthositen, in Gneisen, Granuliten, Pegmatiten, auf alpinen Klüften, auf Klüften in Erzgängen. **Begleitmineralien:** Kalifeldspat, Quarz, Biotit, Muskovit.

Ähnliche Mineralien: Quarz hat keine Spaltbarkeit; Kalkspat, Gips, Schwerspat, Dolomit sind weicher.

Fundort/Maßstab

1 Epprechtstein, Bayern 0,5fach	2 Pikes Peak, Colorado, USA / 1fach
3 Rudolfstein, Fichtelgebirge, Bayern / 1,5fach	
4 Pfitsch, Tirol / 3fach	5 Maderanertal, Schweiz 6fach

1 Melilith ⬢

Härte: 5–5½.
Dichte: 2,9–3,0.
Strichfarbe: weißlich.
Formel: $(Ca,Na)_2(Mg,Al,Fe)[Si_2O_7]$

Farbe: farblos, gelb, braun, rot; Glasglanz, auf frischem Bruch und im angewitterten Zustand Fettglanz. Spaltbarkeit: meist nicht erkennbar; Bruch muschelig. Tenazität: spröde. Kristallform: tetragonal; würfelähnlich bis tafelig, oft derb, eingewachsen. Vorkommen: in vielen vulkanischen Gesteinen, auf deren Klüften auch aufgewachsene Kristalle. Begleitmineralien: Nephelin, Magnetit, Augit, Apatit. Ähnliche Mineralien: Die Paragenese macht Melilith unverwechselbar.

2 Jeremejewit ✹ ⬢

Härte: 6½.
Dichte: 3,3.
Strichfarbe: weiß.
Formel: $Al_6B_5O_{15}(OH)_3$

Farbe: blau; Glasglanz. Spaltbarkeit: keine; Bruch muschelig. Tenazität: spröde. Kristallform: hexagonal; prismatisch. Vorkommen: in Pegmatiten und vulkanischen Auswürflingen. Begleitmineralien: Feldspat, Topas. Ähnliche Mineralien: Aquamarin ist härter; bei Beachtung der Paragenese ist Jeremejewit nahezu unverwechselbar.

3 Benitoit ⊘

Härte: 6½.
Dichte: 3,7.
Strichfarbe: weiß.
Formel: $BaTi[Si_3O_9]$

Farbe: blaß- bis tiefblau, selten rosa; Glasglanz. Spaltbarkeit: keine; Bruch muschelig. Tenazität: spröde. Kristallform: trigonal; dipyramidal, eingewachsen. Vorkommen: in hydrothermalen Gängen. Begleitmineralien: Natrolith, Neptunit, Joaquinit. Ähnliche Mineralien: Farbe und Kristallform von Benitoit verhindern jede Verwechslung.

4 Hyalophan ⊘ ⬢

Härte: 6½.
Dichte: 2,6–2,9.
Strichfarbe: weiß.
Formel: $(K,Ba)(Al,Si)_2Si_2O_8$

Farbe: weiß, gelb; Glasglanz. Spaltbarkeit: vollkommen; Bruch uneben. Tenazität: spröde. Kristallform: monoklin; tafelig prismatisch. Vorkommen: in vulkanischen Gesteinen, hydrothermalen Lagerstätten. Begleitmineralien: Dolomit, Baryt.
Ähnliche Mineralien: Von Kalifeldspat ist Hyalophan mit einfachen Mitteln nicht zu unterscheiden.

5 Cristobalit ⬢

Härte: 6½.
Dichte: 2,20.
Strichfarbe: weiß.
Formel: SiO_2

Farbe: trüb milchigweiß; Glasglanz. Spaltbarkeit: keine; Bruch muschelig. Tenazität: spröde. Kristallform: bei höheren Temperaturen kubisch gebildet, bei Abkühlung in die tetragonale Modifikation umgewandelt; meist Oktaeder, oft plattig verzerrt, selten Würfel. Vorkommen: auf Klüften und Drusen in sauren vulkanischen Gesteinen, in Obsidianen. Begleitmineralien: Tridymit, Hochquarz, Haematit, Pseudobrookit, Augit, Hornblende.
Ähnliche Mineralien: Die Paragense, Kristallform und Farbe unterscheiden Cristobalit von allen anderen Mineralien.

Fundort/Maßstab

1 Üdersdorf, Eifel 12fach	2 Emmelberg, Eifel 40fach
3 San Benito County, Kalifornien / 9fach	
4 Busovača, Jugoslawien 1fach	5 In der Aal, Eifel / 20fach

1, 2 Prehnit

Härte: 6-6½.
Dichte: 2,8-3,0.
Strichfarbe: weiß.
Formel: $Ca_2Al[(OH)_2/AlSi_3O_{10}]$

Farbe: farblos, weiß, gelblich, grün; Glasglanz. Spaltbarkeit: nach der Basis erkennbar; Bruch uneben. Tenazität: spröde. Kristallform: orthorhombisch; tafelig, selten prismatisch, kugelige Gruppen, radialstrahlig, nierig, derb. Vorkommen: in Blasenhohlräumen von vulkanischen Gesteinen, in Drusen von Pegmatiten, auf alpinen Klüften. Begleitmineralien: Pektolith, Stilbit, Heulandit, Laumontit.
Ähnliche Mineralien: Wavellit kommt in anderer Paragenese und Kristallform vor; Stilbit und Heulandit haben eine andere Härte und Kristallform.

3 Zinnstein

Kassiterit
Härte: 7.
Dichte: 6,8-7,1.
Strichfarbe: gelblich bis weiß.
Formel: SnO_2

Farbe: farblos, rötlich, braun, braunschwarz; blendeartiger Glanz bis Fettglanz. Spaltbarkeit: kaum sichtbar; Bruch muschelig. Tenazität: spröde. Kristallform: tetragonal; prismatisch bis nadelig, knieförmige Zwillinge, radialstrahlig, derb. Vorkommen: in Pegmatiten, pneumatolytischen Gängen und Verdrängungen, hydrothermalen Gängen, Seifen. Begleitmineralien: Flußspat, Topas, Wolframit, Zinnkies, Magnetkies, Pyrit.
Ähnliche Mineralien: Kristallform und Dichte unterscheiden Zinnstein von fast allen anderen Mineralien; Rutil hat einen hellen Strich und eine andere Paragenese.

4 Bertrandit

Härte: 6½-7.
Dichte: 2,60.
Strichfarbe: weiß.
Formel: $Be_4[(OH)_2/Si_2O_7]$

Farbe: farblos, weiß, gelblich, durchsichtig; Glasglanz, auf der Basis Perlmuttglanz. Spaltbarkeit: nach der Basis vollkommen; Bruch muschelig. Tenazität: spröde. Kristallform: orthorhombisch; tafelig, V-förmige Zwillinge, fast immer aufgewachsen. Vorkommen: in Drusen von Pegmatiten, insbesondere in Hohlräumen ehemaliger Beryllkristalle, auf alpinen Klüften. Begleitmineralien: Bavenit, Milarit, Phenakit.
Ähnliche Mineralien: Albit hat eine andere Kristallform. Schwerspat- und Muskovit sind viel weicher; tafelige Quarzkristalle sind manchmal von Bertrandit nicht einfach zu unterscheiden.

5 Thortveitit

Härte: 6½.
Dichte: 3,6.
Strichfarbe: grauweiß.
Formel: $(Sc,Y)_2[Si_2O_7]$

Farbe: schmutziggrün; Glasglanz. Spaltbarkeit: kaum erkennbar; Bruch muschelig. Tenazität: spröde. Kristallform: monoklin; scharfkantig, prismatisch, immer eingewachsen. Vorkommen: in Grantipegmatiten. Begleitmineralien: Feldspat, Quarz.
Ähnliche Mineralien: Monazit und Xenotim haben eine andere Kristallform.

Fundort/Maßstab

1 Asbestos, Kanada 8fach	2 Paterson, New Jersey, USA / 1,5fach
3 Panasqueira, Portugal / 2fach	
4 Taewha, Korea / 4fach	5 Iveland, Norwegen 2fach

1 Jadeit ☪

Härte: 6½.
Dichte: 3,2–3,3.
Strichfarbe: weiß.
Formel: $NaAl[Si_2O_6]$

Farbe: weiß, gelblich, grün, violett; Glasglanz. Spaltbarkeit: wegen der Ausbildung nicht erkennbar; Bruch muschelig. Tenazität: zäh. Kristallform: monoklin; selten kurzprismatisch, dicht, feinfilzig. Vorkommen: in kristallinen Schiefern. Begleitmineralien: Diopsid, Albit.
Ähnliche Mineralien: Nephrit ist etwas weicher, aber nur schwer von Jadeit zu unterscheiden.

2 Roedderit ● ✪

Härte: 6½.
Dichte: 2,6.
Strichfarbe: weiß.
Formel: $(Na,K)_2Mg_5Si_{12}O_{30}$

Farbe: farblos, gelb, grün, blau; Glasglanz. Spaltbarkeit: keine; Bruch muschelig. Tenazität: spröde. Kristallform: hexagonal; tafelig, kurzprismatisch. Vorkommen: in vulkanischen Auswürflingen, in Meteoriten. Begleitmineralien: Sanidin, Olivin.
Ähnliche Mineralien: Bei Beachtung der Paragenese ist Roedderit kaum zu verwechseln.

3 Mullit ●

Härte: 6–7.
Dichte: 3,2–3,3.
Strichfarbe: weiß.
Formel: $Al_8[O_3(O_{0,5}, OH, F)/AlSi_3O_{16}]$

Farbe: farblos, weiß, violett; Glasglanz. Spaltbarkeit: wegen der nadeligen Ausbildung nicht sichtbar; Bruch faserig. Tenazität: spröde. Kristallform: orthorhombisch; nadelig, Büschel, radialstrahlig. Vorkommen: in vulkanischen Auswürflingen und Einschlüssen in Basalten. Begleitmineralien: Topas, Pyroxen, Hornblende, Pseudobrookit.
Ähnliche Mineralien: Sillimanit ist mit einfachen Mitteln von Mullit nicht zu unterscheiden, die Paragenese ist aber typisch.

4 Vesuvian ⊘ ☪
Idokras

Härte: 6½.
Dichte: 3,27–3,45.
Strichfarbe: weiß.
Formel:
$Ca_{10}(Mg,Fe)_2Al_4[(OH)_4/(SiO_4)_5/(Si_2O_7)_2]$

Farbe: gelb, braun, grün; Glas- bis Fettglanz. Spaltbarkeit: keine; Bruch muschelig. Tenazität: spröde. Kristallform: tetragonal; lang- bis kurzprismatisch, säulig, strahlig (Egeran), körnig, derb. Vorkommen: in metamorphen Kalksteinen, auf alpinen Klüften. Begleitmineralien: Grossular, Wollastonit, Diopsid.
Ähnliche Mineralien: Grossular ist von kurzprismatischem Vesuvian nur schwer unterscheidbar. Zirkon ist schwerer und härter.

5 Baddeleyit ✪ ●

Härte: 6½.
Dichte: 5,8.
Strichfarbe: weiß.
Formel: ZrO_2

Farbe: schwarz, farblos, weiß, gelb, grün, braun; Glasglanz. Spaltbarkeit: sehr gut; Bruch uneben. Tenazität: spröde. Kristallform: monoklin; tafelig, prismatisch, nierig, radialstrahlig. Vorkommen: in Karbonatiten, vulkanischen Auswürflingen, Seifen. Begleitmineralien: Perowskit, Korund.
Ähnliche Mineralien: Korund ist härter; die hohe Dichte von Baddeleyit ist charakteristisch.

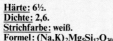

Fundort/Maßstab

1 Burma / 1,5fach	
2 Bellerberg, Eifel 30fach	3 Nickenich, Eifel 11fach
4 Saas Fee, Schweiz 4fach	5 Phalaborwa, Südafrika 5fach

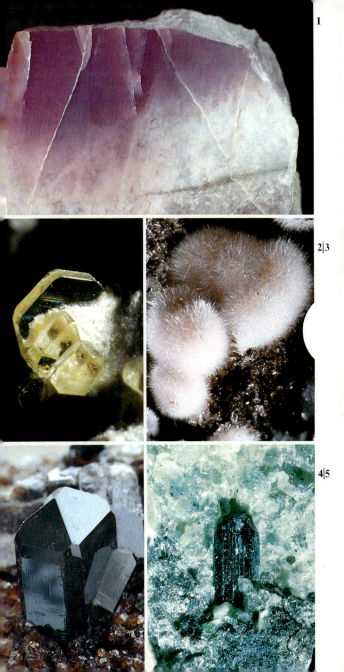

1 Asbecasit ⊘

Härte: 6½-7.
Dichte: 3,7.
Strichfarbe: weiß.
Formel: $Ca_3(Ti,Sn)As_6Si_2Be_2O_{20}$

<u>Farbe</u>: gelb; Glasglanz. <u>Spaltbarkeit</u>: gut; Bruch uneben. <u>Tenazität</u>: spröde. <u>Kristallform</u>: trigonal; dicktafelig. <u>Vorkommen</u>: auf alpinen Klüften. <u>Begleitmineralien</u>: Cafarsit, Torbernit.
Ähnliche Mineralien: Bei Beachtung der Paragenese ist Asbecasit unverwechselbar.

2 Cordierit ⟲

Dichroit
Härte: 7.
Dichte: 2,6.
Strichfarbe: weiß.
Formel: $Mg_2Al_3[AlSi_5O_{18}]$

<u>Farbe</u>: grau, blau, violett, grünlich bis gelb; Glasglanz bis Fettglanz. <u>Spaltbarkeit</u>: undeutlich; Bruch muschelig. <u>Tenazität</u>: spröde. <u>Kristallform</u>: orthorhombisch; sechs- und zwölfseitige Prismen, häufig derb. <u>Vorkommen</u>: in Gneisen und Kontaktgesteinen. <u>Begleitmineralien</u>: Granat, Sillimanit, Spinell, Magnetkies.
Ähnliche Mineralien: Turmalin in ähnlicher Paragenese ist immer glänzend schwarz; Cordierit von Quarz zu unterscheiden, ist mit einfachen Mitteln nicht immer möglich.

3 Uwarowit ⟲

Härte: 6½-7½.
Dichte: 3,40.
Strichfarbe: weiß.
Formel: $Ca_3Cr_2[SiO_4]_3$

<u>Farbe</u>: smaragdgrün; Glasglanz. <u>Spaltbarkeit</u>: keine; Bruch muschelig. <u>Tenazität</u>: spröde. <u>Kristallform</u>: kubisch; Rhombendodekaeder, ein- und aufgewachsen, körnig, derb. <u>Vorkommen</u>: in Kontaktlagerstätten und metamorphen Lagerstätten. Begleitmineralien: Chromdiopsid, Chromit, Kämmererit.
Ähnliche Mineralien: Grüner Grossular ist mit einfachen Mitteln von Uwarowit nicht zu unterscheiden.

4 Axinit ⊘ ⟲

Härte: 6½-7.
Dichte: 3,3.
Strichfarbe: weiß.
Formel:
$Ca_2(Fe,Mg,Mn)[Al_2B[OH/O/(Si_2O_7)_2]$

<u>Farbe</u>: braun, grau, violett, blaugrünlich; Glasglanz. <u>Spaltbarkeit</u>: schlecht sichtbar; Bruch muschelig. <u>Tenazität</u>: spröde. <u>Kristallform</u>: triklin; tafelig, sehr scharfkantig, meist aufgewachsen, derb, spätig, stengelig. <u>Vorkommen</u>: in Kalksilikatgesteinen, kontaktmetasomatischen Lagerstätten, auf alpinen Klüften, in Drusen von Pegmatiten. Begleitmineralien: Klinozoisit, Babingtonit, Chlorit, Apatit.
Ähnliche Mineralien: Die scharfkantigen Kristalle machen Axinit unverwechselbar.

5 Låvenit ◐

Härte: 6
Dichte: 3,5
Strichfarbe: weiß
Formel:
$(Na,Ca,Mn)_3(Zr,Ti,Fe)(SiO_4)_2F$

<u>Farbe</u>: farblos, gelb, braun; Glasglanz. <u>Spaltbarkeit</u>: vollkommen; Bruch uneben. <u>Tenazität</u>: spröde. <u>Kristallform</u>: monoklin; prismatisch, nadelig, derb. <u>Vorkommen</u>: in vulkanischen Auswürflingen und Alkaligesteinen. <u>Begleitmineralien</u>: Wöhlerit, Feldspat.
Ähnliche Mineralien: Wöhlerit ist mehr tafelig.

Fundort/Maßstab

1 Cherbadung, Schweiz 12fach	2 Bodenmais, Bayerischer Wald / 1fach
3 Outokumpu, Finnland / 2fach	
4 Bourg d'Oisans, Frankreich / 5fach	5 Mendig, Eifel / 10fach

1 Sillimanit

Härte: 6–7.
Dichte: 3,2.
Strichfarbe: weiß.
Formel: Al$_2$|O/SiO$_4$|

Farbe: farblos, weiß, gelblich, grau; Glasglanz, in Aggregaten Seidenglanz. Spaltbarkeit: vollkommen, aber wegen der faserigen Ausbildung nicht erkennbar; Bruch uneben. Tenazität: spröde. Kristallform: orthorhombisch; kaum Einzelkristall, meist faserig, strahlig, stengelig. Vorkommen: in Gneisen, Glimmerschiefern, Eklogiten, Granuliten, in Pegmatiten innerhalb dieser Gesteine. Begleitmineralien: Cordierit, Granat, Quarz.
Ähnliche Mineralien: Asbestfasern sind biegsam.

2 Andalusit

Chiastolith
Härte: 7½.
Dichte: 3,1–3,2.
Strichfarbe: weiß.
Formel: Al$_2$|O/SiO$_4$|

Farbe: verschiedene Grautöne, gelblich, rötlich, grün, manchmal auch mehrfarbig; Glasglanz, aber meist getrübt. Spaltbarkeit: meist undeutlich; Bruch uneben. Tenazität: spröde. Kristallform: orthorhombisch; dicksäulig mit fast quadratischem Querschnitt, radialstrahlig, fast immer eingewachsen. Vorkommen: in Gneisen und Glimmerschiefern, in Quarzknauern von metamorphen Gesteinen, in Tonschiefern und Pegmatiten. Begleitmineralien: Quarz, Feldspat, Turmalin, Glimmer.
Ähnliche Mineralien: Turmalin hat eine andere Kristallform; Hornblende, Augit, Aktinolith haben eine andere Spaltbarkeit.

3 Melanophlogit

Härte: 6½–7.
Dichte: 2,0.
Strichfarbe: weiß.
Formel: SiO$_2$

Farbe: farblos, weiß; Glasglanz. Spaltbarkeit: keine; Bruch muschelig. Tenazität: spröde. Kristallform: kubisch; Würfel, kugelig. Vorkommen: in Sedimentgesteinen. Begleitmineralien: Schwefel, Calcit.
Ähnliche Mineralien: Fluorit und Calcit sind viel weicher.

4, 5 Spodumen

Härte: 6½–7.
Dichte: 3,1–3,2.
Strichfarbe: weiß.
Formel: LiAl|Si$_2$O$_6$|

Farbe: farblos, weiß, rosa und violett (Kunzit), grün (Hiddenit), gelb, braun; Glasglanz. Spaltbarkeit: nach dem Prisma vollkommen; Bruch spätig. Tenazität: spröde. Kristallform: monoklin; tafelig, seltener prismatisch, strahlig, spätig, derb, ein- und aufgewachsen. Vorkommen: in Pegmatiten eingewachsen, trübe, in Drusen in diesen Pegmatiten durchsichtig und schön gefärbt. Begleitmineralien: Feldspat, Quarz, Beryll, Triphylin, Amblygonit.
Ähnliche Mineralien: Feldspat hat eine andere Spaltbarkeit.

Fundort/Maßstab

1 Bodenmais, Bayerischer Wald / 5fach	2 Lisens, Innsbruck 3fach
3 Livorno, Italien / 8fach	
4 Lagman, Nuristan, Afghanistan / 0,5fach	5 Minas Gerais, Brasilien 2fach

1, 2, 3, 4, 5 Quarz ⊗

Härte: 7.
Dichte: 2,65.
Strichfarbe: weiß.
Formel: SiO₂

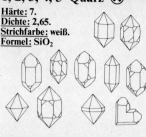

Farbe: farblos und mannigfaltig gefärbt (siehe bei den Varietäten); Glasglanz bis Fettglanz.
Spaltbarkeit: keine; Bruch muschelig. Tenazität: spröde. Kristallform: trigonal, Hochquarz (über 573 °C gebildet) hexagonal; Pseudomorphosen der trigonalen nach der hexagonalen Modifikation; meist hexagonales Aussehen, deutlich trigonal, bei tiefer Temperatur gebildet; rechte und linke Formen manchmal plattig verzerrt, oft Zwillingsbildungen, erkennbar an der Stellung der Trapezoederflächen, häufiger sind Dauphineer (Links-Links und Rechts-Rechts) und Brasilianer Zwillinge (Links-Rechts), sowie Japaner Zwillinge mit einspringenden Winkeln; radialstrahlig (Sternquarz), stengelig, körnig, derb.
Vorkommen: als Bestandteil von Graniten, Quarzporphyren, Gneisen, Pegmatiten; auf Drusen in Pegmatiten, in pneumatolytischen Gängen, als Gangart in Erzgängen, auf alpinen Klüften, in Sedimentgesteinen. Begleitmineralien: Kalkspat, Feldspat, Erze, Turmalin, Granat und viele andere. Varietäten: Bergkristall: farblos, klar, durchsichtig; auf Klüften von Gneisen, Graniten, Marmoren und anderen Gesteinen, in Drusen von Pegmatiten, auf Klüften in Erzgängen. Rauchquarz: rauchig braun bis schwarz, durchsichtig bis undurchsichtig; Vorkommen wie Bergkristall. Amethyst: violett; in Blasenhohlräumen von Ergußgesteinen, auf Klüften i Erzgängen, auf alpinen Klüften. Citrin: gelb; selten in Pegmatite und auf alpinen Klüften. Rosenquarz: rosa; Kristalle selten; i Pegmatiten. Eisenkiesel: ro durch Haematiteinschlüsse; au Erzgängen, eingewachsen in Tonen und Gips. Milchquarz weiß; getrübt durch Flüssigkeitseinschlüsse; sehr verbreitet, besonders in hydrothermalen Gängen. Chalcedon: nierig, krustig als Auskleidung von Hohlräumen in Ergußsteinen und Erzgängen, auch als Lagen in Sedimentgesteinen. Farben sehr vielfältig: rot bis rotbraun (Karneol) grün (Chrysopras), blau, grau Achat zeigt konzentrische Lagen verschiedener Färbung; Onyx nur schwarze und weiße Lagen Feuerstein, Flint: grau bis braun gefärbte Knollen.

Ähnliche Mineralien: Härte und Säurebeständigkeit unterscheiden Quarz von anderen Mineralien; Phenakit ist härter.

Fundort/Maßstab

1 Sapucaia, Brasilien 1,5fach	2 Las Vigas, Mexiko 1fach
3 Seiser Alm, Südtirol / 0,75fach	
4 Diamantina, Brasilien 0,5fach	5 Furkahorn, Schweiz 0,75fach

1|2

3

4|5

1 Tridymit

Härte: 6½–7.
Dichte: 2,27.
Strichfarbe: weiß.
Formel: SiO_2

Farbe: farblos, weiß; Glasglanz. Spaltbarkeit: selten sichtbar; Bruch muschelig. Tenazität: spröde. Kristallform: hexagonal bei hohen Temperaturen gebildet, bei Abkühlung in die orthorhombische Modifikation umgewandelt; tafelig; fächerartige Drillinge, derb. Vorkommen: auf Klüften und in Drusen saurer vulkanischer Gesteine, in der Kontaktzone saurer Einschlüsse in vulkanischen Gesteinen. Begleitmineralien: Cristobalit, Hochquarz, Haematit, Pseudobrookit, Augit, Hornblende.

Ähnliche Mineralien: Sanidin ist meist dicktafeliger und zeigt eine andere Kristallform; von den meisten anderen dünntafeligen, weißen Mineralien unterscheidet sich Tridymit durch die Paragenese.

2 Spessartin

Härte: 7.
Dichte: 4,19.
Strichfarbe: weiß.
Formel: $Mn_3Al_2[SiO_4]_3$

Farbe: rosa, orange, hell- bis dunkelbraun; Glasglanz. Spaltbarkeit: keine; Bruch muschelig. Tenazität: spröde. Kristallform: kubisch; Deltoidikositetraeder, ein- und aufgewachsen. Vorkommen: in metamorphen Manganlagerstätten, in Pegmatiten und Graniten. Begleitmineralien: Rhodonit, Pyroxmangit, Feldspat, Quarz.

Ähnliche Mineralien: Almandin ist mehr rotbraun, zeigt im Gegensatz zum Spessartin oft das Rhombendodekaeder.

3, 4, 5 Turmalin

Härte: 7.
Dichte: 3,0–3,25.
Strichfarbe: weiß.

Die Turmaline sind eine Gruppe von Mischkristallen mit den folgenden sieben bisher bekannten Endgliedern:

Elbait
$Na(Li,Al)_3Al_6[(OH)_4/(BO_3)_3/Si_6O_{18}]$
Dravit
$NaMg_3Al_6[(OH)_4/(BO_3)_3/Si_6O_{18}]$
Schörl
$NaFe_3^{2+}(Al,Fe^{3+})_6[(OH)_4/(BO_3)_3/Si_6O_{18}]$
Buergerit
$NaFe_3^{3+}Al_6[F/O_3/(BO_3)_3/Si_6O_{18}]$
Tsilaisit
$NaMn_3Al_6[(OH)_4/(BO_3)_3/Si_6O_{18}]$
Uvit
$CaMg_3(Al_5Mg)[(OH)_4/(BO_3)_3/Si_6O_{18}]$
Liddicoatit
$Ca(Li,Al)_3Al_6[(OH)_4/(BO_3)_3/Si_6O_{18}]$

Farbe: farblos, rosa (Rubellit), grün (Verdelith), blau (Indigolith), gelb, braun, schwarz, durchsichtig bis undurchsichtig; Glasglanz. Spaltbarkeit: keine; Bruch muschelig. Tenazität: spröde. Kristallform: trigonal; prismatisch bis nadelig, ein- und aufgewachsen, strahlig, stengelig, derb. Vorkommen: in Graniten, Pegmatiten, pneumatolytischen Gängen, hydrothermalen Gängen, Drusen von Pegmatiten, Glimmerschiefern und Gneisen, auf alpinen Klüften. Begleitmineralien: Quarz, Feldspat, Beryll, Glimmer.

Ähnliche Mineralien: Der meist deutlich dreiseitige Querschnitt unterscheidet Turmalin von allen anderen Mineralien.

Fundort/Maßstab

1 Bellerberg, Eifel / 12fach	
2 Minas Gerais, Brasilien 5fach	3 Althütte, Bayerischer Wald / 1,5fach
4 San Piero, Elba / 2fach	5 Consolheira Peña, Brasilien / 2fach

1, 2 Grossular

Härte: 6½-7.
Dichte: 3,59.
Strichfarbe: weiß.
Formel: $Ca_3Al_2[SiO_4]_3$

Farbe: farblos, gelb, gelbbraun, grün, rot (Hessonit); Glasglanz. Spaltbarkeit: keine; Bruch muschelig. Tenazität: spröde. Kristallform: kubisch; Deltoidikositetraeder, Rhombendodekaeder, ein- und aufgewachsen, derb, körnig. Vorkommen: in Kontaktmarmoren, auf Klüften von Serpentiniten und Rodingiten. Begleitmineralien: Vesuvian, Diopsid, Wollastonit, Kalkspat, Chlorit.

Ähnliche Mineralien: Die Paragenese von Grossular ist sehr charakteristisch; Vesuvian ist meist deutlich prismatisch, derb oder kurzprismatisch mit einfachen Mitteln nur schwer zu unterscheiden.

3 Staurolith

Härte: 7-7½.
Dichte: 3,7-3,8.
Strichfarbe: weiß.
Formel: $2\ FeO \cdot AlOOH \cdot 4\ Al_2[O/SiO_4]$

Farbe: rot- bis schwarzbraun; Glasglanz. Spaltbarkeit: kaum sichtbar; Bruch muschelig. Tenazität: spröde. Kristallform: monoklin; prismatisch bis langtafelig, oft kreuzförmige Zwillinge (rechtwinklig oder mit etwa 60°), immer eingewachsen. Vorkommen: in Glimmerschiefern und Gneisen. Begleitmineralien: Quarz, Glimmer, Disthen.

Ähnliche Mineralien: Turmalin zeigt immer deutlich eine trigonale Symmetrie.

4 Almandin

Härte: 6½-7½.
Dichte: 4,32.
Strichfarbe: weiß.
Formel: $Fe_3Al_2[SiO_4]_3$

Farbe: rot, manchmal mit Stich ins Blaue, rotbraun, braun; Glasglanz. Spaltbarkeit: keine; Bruch muschelig. Tenazität: spröde. Kristallform: kubisch; Rhombendodekaeder und Deltoidikositetraeder, immer eingewachsen. Vorkommen: in Glimmerschiefern, Gneisen, Granuliten, seltener in Pegmatiten. Begleitmineralien: Staurolith, Glimmer, Chlorit, Quarz, Feldspat.

Ähnliche Mineralien: Die Paragenese von Almandin in Glimmerschiefern und Gneisen ist charakteristisch; in Pegmatiten ist er von Spessartin nicht immer leicht zu unterscheiden.

5 Andradit

Härte: 6½-7½.
Dichte: 3,86.
Strichfarbe: weiß.
Formel: $Ca_3Fe_2[SiO_4]_3$

Farbe: farblos, braun, grün, schwarz (Melanit, titanhaltiger Andradit); Glasglanz. Spaltbarkeit: keine; Bruch muschelig. Tenazität: spröde. Kristallform: kubisch; Rhombendodekaeder, ein- und aufgewachsen. Vorkommen: in metamorphen Lagerstätten, auf Klüften von Serpentiniten, in vulkanischen Gesteinen (Melanit). Begleitmineralien: Chlorit, Diopsid, Magnetit, Perowskit.

Ähnliche Mineralien: Grossular ist oft mit einfachen Mitteln von Andrachit nicht zu unterscheiden.

Fundort/Maßstab	
1 Habachtal, Österreich 3fach	2 Asbestos, Kanada 2fach
3 Martelltal, Südtirol / 0,5fach	
4 Nordkap, Norwegen 0,5fach	5 Bellerberg, Eifel 20fach

1 Boracit

Härte: 7.
Dichte: 2,9–3.
Strichfarbe: weiß.
Formel: $Mg_3[Cl/B_7O_{13}]$

Farbe: farblos, weiß, gelblich, grünlich, bläulich; Glasglanz. Spaltbarkeit: keine; Bruch muschelig. Tenazität: spröde. Kristallform: über 268 °C kubisch, darunter orthorhombisch; würfelig, eingewachsen, derb, körnig, faserig. Vorkommen: in Salzlagerstätten in Anhydrit oder Gips eingwachsen. Begleitmineralien: Gips, Anhydrit, Steinsalz, Carnallit.
Ähnliche Mineralien: Steinsalz hat eine ausgezeichnete Spaltbarkeit; Flußspat ist weicher und ebenfalls gut spaltbar.

2 Danburit

Härte: 7–7½.
Dichte: 2,9–3,0.
Strichfarbe: weiß.
Formel: $Ca[B_2Si_2O_8]$.

Farbe: farblos, weiß; Glasglanz. Spaltbarkeit: keine; Bruch muschelig. Tenazität: spröde. Kristallform: orthorhombisch; prismatisch, manchmal senkrecht gestreift. Vorkommen: auf alpinen Klüften, in Erzgängen. Begleitmineralien: Quarz, Datolith, Pyrit.
Ähnliche Mineralien: Quarz hat eine andere Kristallform; Topas ist härter und besitzt eine gute Spaltbarkeit.

3, 4 Olivin
Peridot

Härte: 6½–7.
Dichte: 3,27–4,20.
Strichfarbe: weiß.
Formel: $(Mg,Fe)_2[SiO_4]$

Olivine sind Mischkristalle mit den beiden Endgliedern Forsterit Mg_2SiO_4 und Fayalit Fe_2SiO_4.

Farbe: gelblichgrün bis flaschengrün, rot, bräunlich; Glasglanz, etwas fettig. Spaltbarkeit: kaum erkennbar; Bruch muschelig. Tenazität: spröde. Kristallform: orthorhombisch; prismatisch bis dicktafelig oft derb. Vorkommen: in Gabbros, Diabasen, Basalten, bildet monomineralisch das Gestein Dunit, auf Klüften der genannten Gesteine, in kristallinen Kalken, Meteoriten. Begleitmineralien: Spinel, Augit, Diopsid, Hornblende.
Ähnliche Mineralien: Apatit ist weicher.

5 Pyrop

Härte: 7–7½.
Dichte: 3,58.
Strichfarbe: weiß.
Formel: $Mg_3Al_2[SiO_4]_3$

Farbe: dunkelrot, blutrot, durchsichtig; Glasglanz. Spaltbarkeit: keine; Bruch muschelig. Tenazität: spröde. Kristallform: kubisch; Rhombendodekaeder, Deltoidikositetraeder, oft rundliche Körner, immer eingewachsen. Vorkommen: in Ultrabasiten, Serpentiniten und Seifen. Begleitmineralien: Diamant, Phlogopit, Olivin.
Ähnliche Mineralien: Die Paragenese von Pyrop ist charakteristisch; Almandin ist immer etwas bräunlicher, nie rein dunkelrot.

Fundort/Maßstab	
1 Staßfurt, DDR / 5fach	2 Charcas, Mexiko 2fach
3 Lanzarote, Kanarische Inseln / 1fach	
4 Seberget, Ägypten 2fach	5 Mitterbachgraben, Niederösterreich / 1fach

1, 2 Zirkon

Härte: 7½.
Dichte: 4,55–4,67.
Strichfarbe: weiß.
Formel: $Zr[SiO_4]$

Farbe: farblos, weiß, rosa gelb, grün, blau, braun, braunrot; diamantartiger Glanz, auf Bruchflächen Fettglanz. Spaltbarkeit: kaum bemerkbar; Bruch muschelig. Tenazität: spröde. Kristallform: tetragonal; prismatisch bis bipyramidal, auf-, häufiger eingewachsen. Vorkommen: in Graniten, Syeniten, Rhyolithen, Trachyten, vulkanischen Auswürflingen, Seifen, Pegmatiten, auf alpinen Klüften. Begleitmineralien: Baddeleyit, Xenotim, Monazit.
Ähnliche Mineralien: Vesuvian zeigt im Gegensatz zum Zirkon fast immer die Basis; Zinnstein ist schwerer.

3 Spinell

Härte: 8.
Dichte: 3,6.
Strichfarbe: weiß.
Formel: $MgAl_2O_4$

Farbe: rot, violett, gelb; Glasglanz. Spaltbarkeit: kaum erkennbar; Bruch muschelig. Tenazität: spröde. Kristallform: kubisch, Oktaeder, abgerollt. Vorkommen: in metamorphen Gesteinen, in Marmor und Seifen. Begleitmineralien: Korund, Calcit.
Ähnliche Mineralien: Korund hat eine andere Kristallform.

4, 5 Phenakit

Härte: 8.
Dichte: 3,0.
Strichfarbe: weiß.
Formel: $Be_2[SiO_4]$

Farbe: farblos, gelblich, rosa, weiß; Glasglanz. Spaltbarkeit: keine; Bruch muschelig. Tenazität: spröde. Kristallform: trigonal; prismatisch bis tafelig, lin

senförmig, Prismen senkrecht gestreift, ein- und aufgewachsen. Vorkommen: in Glimmerschiefern zusammen mit Smaragd, in Drusen und auf Klüften von Pegmatiten und Graniten, auf alpinen Klüften. Begleitmineralien: Smaragd, Bertrandit, Chrysoberyll, Apatit.
Ähnliche Mineralien: Quarz ist etwas weicher und auf den Prismen immer quergestreift.

5 Euklas

Härte: 7½.
Dichte: 3,0–3,1.
Strichfarbe: weiß.
Formel: $AlBe[OH/SiO_4]$

Farbe: farblos, hellgrün; Glasglanz. Spaltbarkeit: nach dem Prisma sehr vollkommen; Bruch muschelig. Tenazität: spröde. Kristallform: monoklin; prismatisch, in der Längsrichtung meist stark gestreift. Vorkommen: in Drusen von Pegmatiten, auf alpinen Klüften. Begleitmineralien: Herderit, Periklin, Quarz.
Ähnliche Mineralien: Albit ist weicher.

Fundort/Maßstab

1 Mendig, Eifel / 16fach	2 Pfitscher Joch, Südtirol
3 Mogok, Burma / 4fach	4 Minas Gerais, Brasilien 1,5fach
5 Kleine Spitzkopje, Namibia / 4fach	6 St. Anne's Mine, Rhodesien / 3fach

1, 2, 3 Beryll

Härte: 7½-8.
Dichte: 2,63-2,80.
Strichfarbe: weiß.
Formel: $Al_2Be_3[Si_6O_{18}]$

Farbe: farblos, gelb (Goldberyll), rosa (Morganit), rot, blau (Aquamarin) (4), grün (Smaragd) (5); Glasglanz. Spaltbarkeit: nach der Basis manchmal erkennbar; Bruch muschelig. Tenazität: spröde. Kristallform: hexagonal; prismatisch, selten flächenreicher, eingewachsen (trübe) und aufgewachsen (durchsichtig). Vorkommen: in Pegmatiten eingewachsen, in Drusen von Pegmatiten aufgewachsen, in Glimmerschiefern und hydrothermalen Kalkspatgängen. Begleitmineralien: Feldspat, Quarz, Phenakit, Kalkspat.
Ähnliche Mineralien: Apatit ist viel weicher.

4 Chrysoberyll

Alexandrit
Härte: 8½.
Dichte: 3,7.
Strichfarbe: weiß.
Formel: Al_2BeO_4

Farbe: gelb, grün; Glasglanz. Spaltbarkeit: nach der Basis erkennbar; Bruch muschelig. Tenazität: spröde. Kristallform: orthorhombisch; dicktafelig, Drillinge ähneln hexagonalen Dipyramiden, ein- und aufgewachsen. Vorkommen: in Pegmatiten und Glimmerschiefern, auf Seifen. Begleitmineralien: Smaragd, Phenakit.
Ähnliche Mineralien: Die hohe Härte von Chrysoberyll läßt kaum Verwechslungen zu; Topas hat immer eine sehr gute Spaltbarkeit.

Bazzit

(ohne Foto)

Härte: 7½-8.
Dichte: 2,63-2,80.
Strichfarbe: weiß.
Formel: $Sc_2Be_3[Si_6O_{18}]$

Farbe: weiß, hellblau, blau; Glasglanz. Spaltbarkeit: kaum erkennbar; Bruch muschelig. Tenazität: spröde. Kristallform: hexagonal; prismatisch, derb. Vorkommen: in Drusen von Pegmatiten, in alpinen Klüften. Begleitmineralien: Anatas, Bertrandit, Phenakit, Adular.
Ähnliche Mineralien: Beryll läßt sich mit einfachen Mitteln von Bazzit nicht unterscheiden.

Fundort/Maßstab

1 Muzo, Kolumbien / 3fach	
2 Thomas Range, Utah, USA / 5fach	3 Gilgit, Pakistan / 2fach
4 Minas Gerais, Brasilien / 2fach	

1, 2, 3, 4 Topas

Härte: 8.
Dichte: 3,5–3,6.
Strichfarbe: weiß.
Formel: $Al_2[F_2/SiO_4]$

Farbe: farblos, weiß, gelb, blau, grün, rot, violett, braun; Glasglanz. Spaltbarkeit: vollkommen nach der Basis; Bruch muschelig. Tenazität: spröde. Kristallform: orthorhombisch; kurz- oder langsäulig, derb, strahlig. Vorkommen: in Pegmatiten, pneumatolytischen Bildungen und Seifen. Begleitmineralien: Zinnstein, Fluorit, Turmalin, Quarz.
Ähnliche Mineralien: Quarz ist leichter und hat keine Spaltbarkeit; Flußspat ist weicher.

5 Dumortierit

Härte: 8½.
Dichte: 3,4.
Strichfarbe: weiß.
Formel: $Al_7O_3(BO_3)(SiO_4)_3$

Farbe: blau, violett; Glasglanz. Spaltbarkeit: nicht erkennbar; Bruch uneben. Tenazität: spröde. Kristallform: orthorhombisch; prismatisch, körnig, faserig. Vorkommen: in metamorphen Gesteinen und Pegmatiten. Begleitmineralien: Feldspat, Korund.
Ähnliche Mineralien: Bei Beachtung der Paragenese ist Dumortierit unverwechselbar.

6 Bromellit

Härte: 9.
Dichte: 3,0.
Strichfarbe: weiß.
Formel: BeO

Farbe: weiß, gelblich; Glasglanz. Spaltbarkeit: schlecht; Bruch muschelig. Tenazität: spröde. Kristallform: hexagonal; prismatisch. Vorkommen: in metamorphen Manganlagerstätten. Begleitmineralien: Hämatit, Calcit.
Ähnliche Mineralien: Korund kommt in anderer Paragenese vor.

Fundort/Maßstab

1 Schneckenstein, DDR 3fach	**2** Thomas Range, Utah 3fach
3 Katlang, Pakistan 4fach	**4** St. Annes Mine, Rhodesien / 1fach
5 Sohavona, Madagaskar 1fach	**6** Långban, Schweden 20fach

1|2

3|4

5|6

1, 2 Korund

Härte: 9.
Dichte: 3,9–4,1.
Strichfarbe: weiß.
Formel: Al_2O_3

Farbe: viele Farbvarietäten, zum Beispiel blau (Saphir), rot (Rubin), gelb, grün, braun, violett, weiß, farblos; Glasglanz. Spaltbarkeit: schlecht, manchmal Absonderung nach der Basis; Bruch muschelig. Tenazität: spröde. Kristallform: trigonal; prismatisch, bipyramidal, tafelig, oft tönnchenförmig, derb. Vorkommen: in Pegmatiten, Peridotiten, Amphiboliten, Gneisen, Marmoren, als Fremdeinschluß in vulkanischen Gesteinen, in Seifen. Begleitmineralien: Spinell, Magnetit, Enstatit, Diaspor, Kalkspat.

Ähnliche Mineralien: Härte und Dichte sowie die Kristallform unterscheiden Korund von allen anderen Mineralien.

3, 4 Diamant

Härte: 10.
Dichte: 3,52.
Strichfarbe: weiß.
Formel: C

Farbe: farblos, weiß, gelb, braun, rötlich, grünlich, blau, grau; Diamantglanz. Spaltbarkeit: nach dem Oktaeder vollkommen; Bruch muschelig. Tenazität: spröde. Kristallform: kubisch; am häufigsten Oktaeder, seltener Würfel, radialstrahlig. Vorkommen: in basischen vulkanischen Gesteinen, insbesondere Kimberliten, die sogenannten Pipes bilden; in Seifen, Konglomeraten und metamorphen Schiefern. Begleitmineralien: Pyrop, Olivin, Phlogopit.

Ähnliche Mineralien: Die hohe Härte unterscheidet Diamant generell von anderen Mineralien.

Fundort/Maßstab

1 Chamray, Indien / 3fach	
2 Ratnapura, Ceylon 1fach	**3** Kimberley, Südafrika 5fach
4 Kimberley, Südafrika / 3fach	

Kleine Mineralienkunde

Achsenkreuze: Bezugssysteme zur Darstellung von Kristallflächen.

alpine Klüfte, Zerrklüfte → Klüfte

amorph sind Mineralien ohne Kristallstruktur, also mit unregelmäßiger Anordnung der Atome.

Amphibole: Gruppe von Silikaten, Merkmal ist die → Spaltbarkeit mit einem Spaltwinkel von etwa 124°.

Anlauffarben entstehen durch Oxidationshäutchen auf der Oberfläche von Mineralien; manche Erze (Buntkupferkies) laufen in kürzester Zeit an, ihre Farbe muß stets am frischen → Bruch bestimmt werden.

Basis, Basispinakoid: paralleles Flächenpaar senkrecht zur c-Achse im tetragonalen, hexagonalen, trigonalen, orthorhombischen → Kristallsystem, eine offene Form, die nur kombiniert mit anderen Formen (z.B. Prismen) auftritt.

Begleitmineralien treten mit dem beschriebenen Mineral in gemeinsamer → Paragenese auf.

Bipyramide → Dipyramide

Bruch: Form der Bruchfläche, nicht zu verwechseln mit der → Spaltbarkeit; Mineralien mit vollkommener Spaltbarkeit haben oft keine Bruchflächen.

derb nennt man Mineralien, die nicht von Kristall-, sondern nur von Bruch- oder Spaltflächen begrenzt sind.

Die **Dichte** eines Minerals genau zu bestimmen, ist nur mit Präzisionsgeräten möglich. Bei Erzen oder Schwerspat läßt sie sich durch Abwägen mit der Hand oder auch Vergleichen leicht feststellen.

Dipyramide (auch Bipyramide): Kristallform aus zwei Pyramiden, deren Basen aufeinanderliegen.

Drilling: gesetzmäßige Verwachsung dreier Kristalle gleicher Mineralart.

Drusen: rundliche Hohlräume im Gestein, in denen Kristalle wachsen.

duktil sind durch Krafteinwirkung formbare Substanzen, die also zu Blättchen gehämmert oder zu Drähten gezogen werden können (Gold, Silber, Platin).

durchscheinend, durchsichtig (transparent) ist ein Kristall, wenn das Licht bei seinem Weg durch ihn hindurch nicht oder kaum geschwächt wird; je nach Lichtschwächung ist ein Kristall durchscheinend oder undurchsichtig *(opak).*

eigenfarbig → Farbe

eingewachsen sind Kristalle, die von Gestein umgeben sind; aufgewachsen ragen sie in Hohlräume.

Ergußgesteine → magmatische Gesteine

Fluoreszenz: Eigenschaft mancher Mineralien, bei Bestrahlung mit UV-Licht selbst zu leuchten *(fluoreszieren)* und zwar in einer bei einigen Mineralien charakteristischen Farbe. Einschlüsse fluoreszierender Mineralien können im Wirtsmineral Fluoreszenz vortäuschen. Nach Ausschalten der UV-Strahlenquelle tritt häufig Nachleuchten *(Phosphoreszenz),* z.B. bei manchen Calciten, auf.

Gang: Ausfüllung einer Gesteinsspalte mit Mineralien, die jünger als das Gestein sind; durchbrochenes Gestein heißt *Nebengestein,* die Grenze zum Gang *Salband.*

Gestein: ein aus einer (Marmor, Quarzit) oder mehreren Mineralarten (Granit, Gneis) aufgebauter geologischer Körper größerer Ausdehnung.

Glanz: der sichtbare Gesamteindruck von Lichtbrechung und -reflexion in einem Mineral.

Habitus: Gesamterscheinung (tafelig, kurzsäulig, langsäulig, nadelig) eines Kristalls.

Die **Härte** eines Kristalls wird gemessen mit der *Mohs'schen Härteskala* (Folge von 10 Mineralien, von denen jedes die von ihm stehenden ritzt):

1 Talk ⎫ mit dem Finger- ⎫
2 Gips ⎭ nagel ritzbar   ⎪
3 Kalkspat   ⎬ mit dem
4 Flußspat   ⎪ Messer
5 Apatit   ⎭ ritzbar
6 Feldspat   ⎫
7 Quarz   ⎪
8 Topas   ⎬ ritzen Glas
9 Korund   ⎪
10 Diamant ⎭

HCL-Probe: Benetzen des zu prüfenden Minerals mit Salzsäure (Vorsicht ätzend!).

hexagonal → Kristallsystem

hydrothermale Gänge: Füllungen von Spalten durch aus Lösungen gebildete Mineralien.

idiomorph sind Kristalle, wenn sie in ihrer eigenen Kristallgestalt und unbeeinflußt von äußeren Einwirkungen entstanden sind; unregelmäßig ausgebildete Kristalle bezeichnet man als *xenomorph*.

isometrisch sind Kristalle, wenn sie in allen drei Dimensionen die etwa gleiche Erstreckung aufweisen (z. B. kubische Mineralien).

Klüfte: auf Grund von Spannungszuständen im Gestein entstandene, ganz oder teilweise mit Mineralien gefüllte Hohlräume. In silikatischen Gesteinen werden sie als *alpine Klüfte* oder *Zerrklüfte* bezeichnet.

Kluftmineralien entstehen, wenn aufgeheizte Wässer auf Gesteinsklüften zirkulieren, Substanzen aus dem Gestein herauslösen und sie in Form frei kristallisierter Mineralien auf der Kluftwand wieder absetzen.

Ein Kristallsystem faßt alle Kristalle zusammen, die sich auf das gleiche Achsenkreuz beziehen lassen (mit Ausnahme des hexagonalen und trigonalen Systems); im *kubischen* (höchstsymmetrischen) System stehen drei gleich lange Achsen senkrecht aufeinander; im *tetragonalen* System stehen zwei gleiche Achsen und eine verschiedene (c-Achse) senkrecht aufeinander; im *orthorhombischen* System stehen drei ungleich lange Achsen senkrecht aufeinander; im *monoklinen* System kreuzen sich zwei von drei ungleich langen Achsen im beliebigen Winkel, die dritte steht senkrecht zu den beiden; im *triklinen* (niedrigstsymmetrischen) System sind alle Achsen ungleich lang und kreuzen sich schiefwinklig; im *hexagonalen* und *trigonalen* System liegen drei gleich lange Achsen in einer Ebene und schneiden sich in einem Winkel von 60°. Eine von ihnen verschiedene Achse (c-Achse) steht senkrecht auf dieser Ebene. Im hexagonalen System ist die c-Achse eine 6zählige, im trigonalen eine 3zählige Drehachse, der Kristall kommt also nach einer Drehung von 60° bzw. 120° wieder mit sich zur Deckung.

kubisch → Kristallsystem

Magma: Gesteinsschmelze im Erdinneren.

magmatische Gesteine: aus dem Magma entstandene Gesteine; im Erdinneren erstarrte heißen *Tiefengesteine*, an der Oberfläche fest gewordene *Erguß-* oder *vulkanische Gesteine*.

Magnetismus: Eigenschaft mancher Mineralien, von einem Magneten angezogen zu werden und selbst die Kompaßnadel abzulenken (Magnetit z. B. zieht kleine Eisenspäne an).

Metamorphose: Umwandlung von Gesteinen unter Einwirkung von Druck und/oder Temperatur.

Meteoriten: aus dem interplanetarischen Raum auf die Erdoberfläche gestürzte Festkörper; je nach Material unterscheidet man *Eisenmeteoriten* und *Steinmeteoriten*.

Mineralien: einheitlich zusammengesetzte, feste (mit Ausnahme von Quecksilber) Naturkörper, d. h. natürlich entstandene Elemente und Verbindungen im chemischen Sinn. Künstlich hergestellte Substanzen sind keine Mineralien, auch wenn die entsprechende Verbindung in der Natur vorkommt.

Mohs'sche Härteskala → Härte

monoklin → Kristallsystem

Nebengestein → Gang

opak → durchsichtig

orthorhombisch → Kristallsystem

Oxidationsmineralien → Oxidationszone

Oxidationszone: der Verwitterungseinflüssen (Zutritt von Wasser, Luftsauerstoff, Kohlensäure) ausgesetzte Bereich einer Lagerstätte, in dem sich aus vorhandenen Erzmineralien entstandene *Oxidationsmineralien* finden. *Zementationszone* heißt der Bereich, in dem ein Teil der in wäßrigen Lösungen abgeführten Metallgehalte wieder abgesetzt wird und dort zu einer Anreicherung der entsprechenden Elemente führt.

Paragenese: das durch physikalische und chemische Gegebenheiten bedingte gemeinsame Vorkommen verschiedener Mineralien.

Pegmatit: sehr grobkörniges Gestein, das hauptsächlich aus Kalifeldspat und Quarz besteht.

pneumatolytische Bildungen sind aus der Gasphase entstanden.

Pyroxene: Gruppe von Silikaten mit charakteristischem 60°-Spaltwinkel.

Salband → Gang

Salzsäure → HCl-Probe

Seifen: Anreicherung widerstandsfähiger, schwerer Mineralien (so Gold,

Platin, Diamant, Rubin, Saphir, Spinell, Zinnstein, Monazit, Zirkon, Granat, Ilmenit) durch Wegführung der anderen Gesteinsbestandteile.

Die **Spaltbarkeit** läßt sich durch Zerschlagen des Minerals feststellen. Dabei entstehen oft von ebenen Flächen *(Spaltflächen)* begrenzte Körper. Die Spaltflächen können sich in bestimmten Winkeln *(Spaltwinkeln)* kreuzen.

Spaltwinkel → Spaltbarkeit

spröde ist ein Mineral, wenn beim Eindringen eines harten Gegenstands Partikel abspringen; bleiben sie am Rand der Ritzspur liegen, ist es *milde*.

Strich (Strichfarbe): Pulverspur charakteristischer Farbe, die man durch Streichen mit einem Mineral über eine unglasierte Porzellantafel *(Strichtafel)* erhält. Bei *eigenfarbigen* Mineralien stimmt sie mit der Mineralfarbe überein, bei *fremdfarbigen* nur in Ausnahmefällen. Bei einer Härte über 6 *(Porzellanhärte)* läßt sich auf diese Weise kein Strich erhalten.

Die **Tenazität** beschreibt die Art, in der eine Substanz auf das Eindringen eines spitzen, harten Gegenstands reagiert (→ spröde).

tetragonal → Kristallsystem

Die **Tracht** bezeichnet die Gesamtheit aller an einem Kristall auftretenden Flächen, unabhängig vom → Habitus.

transparent → durchsichtig
trigonal → Kristallsystem
triklin → Kristallsystem

Varietäten: Abarten eines Minerals, die sich durch besondere Ausbildungsform (→ Farbe, Habitus) unterscheiden.

Das **Vorkommen** bezeichnet das bevorzugte Auftreten des betreffenden Minerals in bestimmten Gesteinen und Lagerstätten.

vulkanische Ausblühungen: aus vulkanischen Gasen entstandene Mineralien.

vulkanische Gesteine (Vulkanite) → magmatische Gesteine

xenomorph → idiomorph

Zementationszone → Oxidationszone

Zwilling: Kristalle gleicher Art, die gesetzmäßig miteinander verwachsen sind. Zwillinge lassen sich oft durch (bei Einzelkristallen nicht vorhandene) einspringende Winkel erkennen.

Weiterführende Literatur

Mineralogie:
Nickel, E.: *Grundwissen in Mineralogie.* 3 Bde. Ott-Verlag, Thun
Ramdohr, P. und Strunz, H.: *Klockmanns Lehrbuch der Mineralogie.* Enke Verlag, Stuttgart
Schumann, W.: *Mein Hobby - Steine sammeln.* BLV-Verlag, München
Mineralienbestimmung:
Hochleitner, R.: *Mineralienkompaß.*
Hochleitner, R.: *Fotoatlas der Mineralien und Gesteine,* beide: Gräfe und Unzer Verlag, München
Philipsborn, H. v.: *Tafeln zum Bestimmen der Minerale nach äußeren Kennzeichen.* Verlag Schweizerbarth, Stuttgart
Gesteine:
Hochleitner, R.: *Gesteine-Kompaß.* Gräfe und Unzer Verlag, München
Pape, H.: *Leitfaden zur Gesteinsbestimmung.* Enke Verlag, Stuttgart

Edelsteine:
Hochleitner, R.: *Edelsteine-Kompaß* Gräfe und Unzer Verlag, München
Eppler, W.F.: *Praktische Gemmologie.* Rühle Diebener Verlag, Stuttgart
Fundorte:
Exel, R.: *Die Mineralien Tirols.* 2 Bde. Athesia, Bozen
Gramaccioli, C.M.: *Die Mineralien der Alpen.* 2 Bde. Franckhsche Verlagshandlung, Stuttgart
Serie *Mineralfundstellen - Steiermark, Kärnten* Bd. 5, *Hessen* Bd. 7, *Ober- und Niederösterreich, Burgenland* Bd. 8. C. Weise Verlag, München
Zeitschriften:
LAPIS. C. Weise Verlag, München
Der Aufschluß. Zeitschrift des VFMG
Schweizer Strahler. Zeitschrift der SVSM, Bern, Schweiz
Mineralienfreund. Altdorf, Schweiz
Die Eisenblüte. Graz, Österreich

Mineralien-Register

Neitnamen von Mineralien sind *kursiv* gesetzt.

damin 156
Ägirin 68
Änigmatit 42
Äschynit 42
Agardit 58
Akanthit 78
Aktinolith 68
Alexandrit 244
Allanit 98
Almandin 238
Alunit 156
Amarantit 24
Amblygonit 214
Analcim 202
Anatas 214
Andalusit 232
Andorit 84
Andradit 238
Anglesit 132
Anhydrit 168
Ankerit 168
Annabergit 116
Anthophyllit 214
Antimon 86
Antimonblüte 132
Antimonglanz 76
Antimonit 76
Antlerit 60
Apatit 198
Apophyllit 192
Aragonit 164
Ardennit 46
Argentit 78
Argyrodit 78
Arkansit 214
Arsen 90
Arsenfahlerz 86
Arsenikalkies 98
Arseniosiderit 36
Arsenkies 100
Arsenopyrit 100
Arsentsumebit 60
Arthurit 58
Asbecasit 230
Artinit 128
Astrophyllit 140
Atacamit 54
Augelith 188
Augit 70
Aurichalcit 114
Auripigment 22
Austinit 184
Autunit 116
Axinit 230
Azurit 10
Babingtonit 46
Baddeleyit 228
Baricit 126
Bariumuranglimmer 24
Baryt 148
Bassetit 26
Bastnäsit 178
Baumhauerit 34
Bavenit 208
Bayldonit 66
Bazzit 244
Benitoit 224
Beraunit 28
Berthierit 34
Bertrandit 226
Beryll 244
Beryllonit 214
Beudantit 32
Biotit 134
Bismuthinit 76
Bixbyit 110
Blauspat 216
Blei 74
Bleiglanz 82
Bleihornerz 132
Böhmit 148
Boleit 8
Boracit 240
Borax 122
Bornit 84
Boulangerit 80
Bournonit 84
Brasilianit 210
Braunit 48
Braunbleierz 172
Braunspat 168
Brochantit 56
Bromellit 246
Bronzit 44
Brookit 214
Buntkupferkies 84
Burkeit 156
Calaverit 80
Calcit 142
Caledonit 6
Cancrinit 212
Carnotit 22
Carrollit 96
Cerit 206
Cerussit 152
Chabasit 192
Chalkanthit 6
Chalkoalumit 6
Chalkophyllit 50
Chalkopyrit 88
Chalkosiderit 66
Chalkosin 82
Chiastolith 232
Chiavennit 30
Childrenit 200
Chloantit 106
Chlorargyrit 114
Chlorit 50
Chlorsilber 114
Chromeisenerz 40
Chromit 40
Chrysoberyll 244
Chrysokoll 52
Cinnabarit 16
Cobaltin 98
Coelestin 150
Collinsit 158
Colemanit 184
Columbit 102
Connellit 8
Cordierit 230
Cornetit 72
Cornwallit 66
Coronadit 110
Covellin 74
Crandallit 202
Creedit 180
Cristobalit 224
Crossit 12
Cubanit 88
Cumengeit 8
Cuprit 18
Cyanit 186
Cyanotrichit 10
Danburit 240
Datolith 204
Davidit 96
Desautelsit 30
Descloizit 34
Desmin 170
Devillin 52
Diaboleit 8
Diamant 248
Diaspor 230
Dichroit 230
Diopsid 220
Dioptas 66
Disthen 186
Dolomit 174
Dufrenit 60
Duftit 136
Dumortierit 246
Dundasit 120
Dunkles Rotgültigerz 16
Durangit 32
Dyskrasit 86
Dysanalyt 104
Edingtonit 176
Eisen 94
Eisenglanz 20
Eisenspat 160
Eisstein 128
Eläolith 216
Embolit 138
Emplektit 76
Enargit 84
Enstatit 68
Eosphorit 200
Epidot 110
Epistilbit 176
Erythrin 14
Eskolait 70
Ettringit 124
Euchroit 56
Eudialyt 206
Euklas 242
Euxenit 44
Fairfieldit 160
Fassait 70
Federerz 78
Fergusonit 44
Ferrierit 152
Fibroferrit 128
Fiedlerit 160
Fluorit 178
Flußspat 178
Franklinit 44
Franzinit 218
Friedrichit 90
Gadolinit 70
Kainit 110
Galenit 82
Ganophyllit 182
Garnierit 128
Geikielit 108
Gelbbleierz 130
Gehlenit 192
Georgiadesit 158
Gersdorffit 100
Gibbsit 138
Gips 122
Gismondin 188
Glauberit 144
Glaukokerinit 112
Glaukophan 12
Gmelinit 186
Goethit 38
Gold 26
Gonnardit 194
Goosecreekit 180
Gorceixit 220
Goyazit 194
Grafftonit 192
Grammatit 212
Graphit 72
Gratonit 80
Grossular 238
Groutit 100
Grünbleierz 172
Guerinit 116
Gyrolit 166
Haarkies 88
Haematit 20
Hagendorfit 62
Halit 120
Halotrichit 118
Hamlinit 194
Hannayit 114
Hannebachit 130
Harmotom 188
Hausmannit 38
Hauyn 218
Hedenbergit 70
Heinrichit 24
Heliophyllit 120
Helvin 46
Hemimorphit 196
Herderit 206
Hessit 80
Heterosit 18
Heulandit 176
Hibonit 88
Hidalgoit 186
Himbeerspat 174
Hinsdalit 186
Hiortdahlit 210
Hollandit 94
Honigstein 122
Hopeit 160
Hornblende 42
Hühnerkobelit 62
Humit 220
Hummerit 28
Hureaulith 208
Hutchinsonit 14
Hyalophan 224
Hydroboracit 132
Hydrozinkit 124
Hypersthen 40
Idokras 228
Ilmenit 98
Ilvait 102
Inesit 210
Ixiolith 108
Jadeit 228
Jakobsit 104
Jambortit 124
Jamesonit 78
Jarlit 184
Jeremejewit 224
Johannsenit 46
Jordanit 86
Kainit 110
Kakoxen 28
Kalifeldspat 222
Kalkspat 142
Kalkuranglimmer 116
Kammkies 106
Karpholith 202
Kassiterit 226
Keckit 40
Kermesit 14
Kernit 138
Kidwellit 64
Kieselzinkerz 196
Kieserit 158
Klebelsbergit 146

253

- Klinohumit 218
- Klinoklas 54
- *Klinostrengit* 168
- Klinozoisit 108
- *Kobaltblüte* 14
- Kobaltglanz 98
- Konichalcit 64
- Korund 248
- Köttigit 138
- Krennerit 82
- Krokoit 16
- Krokydolith 108
- Kryolith 128
- Ktenasit 50
- Kupfer 18
- Kupferglanz 82
- *Kupferindig* 74
- Kupferkies 88
- *Kupferschwärze* 92
- *Kupferuranglimmer* 52
- Kupfervitriol 14
- Kutnahorit 174
- Kylindrit 78
- Langit 10
- Lapis-Lazuli 12
- Larderellit 112
- Latiumit 216
- Laubmannit 64
- Laueit 144
- Laumontit 166
- Lautit 84
- Laurionit 154
- Låvenit 230
- Lazulith 216
- Leadhillit 136
- Legrandit 188
- Leiteit 112
- Lengenbachit 72
- Lepidokrokit 20
- Lepidolith 136
- Leucit 216
- Leukophosphit 162
- Levyn 180
- Libethenit 54
- *Lichtes Rötgültigerz* 16
- Liebigit 136
- *Lievrit* 102
- Linarit 6
- Linneit 92
- Lirokonit 6
- Liskeardit 114
- Löllingit 98
- Lorenzenit 48
- Ludlamit 158
- Ludwigit 96
- Magnesit 162
- *Magneteisenerz* 108
- Magnetit 108
- Magnetkies 92
- Malachit 62
- Manasseit 120
- Manganit 36
- *Manganspat* 174
- Margarit 182
- Markasit 106
- Matlockit 136
- Mauchrit 96
- McGovernit 36
- Melanophlogit 232
- Melilith 224
- Mellit 122
- Mendipit 126
- Mesolith 200
- Miargyrit 14
- Millerit 86
- Mimetesit 172
- Minyulit 162
- Mitridatit 60
- Mixit 56
- Molybdänglanz 72

- Monazit 206
- Mordenit 196
- Moschellandsbergit 90
- Mottramit 56
- *Nadeleisenerz* 38
- Nadorit 168
- Nagyagit 72
- Nakrit 124
- Namibit 58
- Natrojarosit 28
- Natrolith 204
- Nealit 28
- Nephelin 216
- Neptunit 40
- Newberyit 152
- *Nickelblüte* 116
- *Nickelin* 40
- Nissonit 54
- Nontronit 24
- Nosean 208
- Novacekit 30
- Ojuelait 32
- Okenit 194
- Olivenit 54
- Olivin 240
- Opal 218
- *Orthit* 98
- Otavit 176
- Pachnolith 144
- Paradamin 162
- Parahopeit 158
- Paralaurionit 144
- Parsonsit 26
- Parasymplesit 120
- Paravauxit 146
- Pearceit 74
- Pechblende 102
- Pektolith 194
- Penfieldit 164
- Pentlandit 92
- *Peridot* 240
- Perowskit 208
- Pharmakosiderit 126
- Phenakit 242
- Phillipsit 180
- Phlogopit 122
- Phosgenit 132
- Phosphoferrit 154
- Phosphophyllit 150
- Phosphosiderit 168
- Piemontit 20
- Pikropharmakolith 166
- Pinakiolith 42
- Plagioklas 222
- Platin 94
- *Plumosit* 80
- Polybasit 74
- Polyhalit 142
- Polymignit 46
- Posnjakit 10
- Powellit 170
- Prehnit 226
- Proustit 16
- Pseudoboleit 8
- Pseudobrookit 48
- Pseudolaueit 146
- Pseudomalachit 64
- Psilomelan 110
- Pucherit 30
- Pumpellyit 68
- Pyrargyrit 16
- Pyrit 134
- Pyrochlor 212
- Pyrolusit 106
- Pyromorphit 172
- Pyrop 240
- Pyrophyllit 116
- *Pyrrhotin* 92
- Quarz 234

- Quecksilber 112
- *Rädelerz* 84
- Ralstonit 186
- Rammelsbergit 106
- Raspit 134
- Rauenthalit 146
- *Rauschgelb* 22
- Realgar 22
- Rhodesit 162
- Rhodochrosit 174
- Rhodonit 220
- Rockbridgeit 66
- Roedderit 228
- Rosasit 62
- Roselith 18
- *Rotbleierz* 16
- *Roteisenstein* 20
- *Rotkupfererz* 18
- Rotnickelkies 40
- *Rubinglimmer* 20
- Rutil 48
- Safflorit 94
- Sainfeldit 176
- Salammoniak 114
- Saleeit 26
- *Samtblende* 38
- Saneroit 32
- Sarabauit 20
- Sartorit 34
- *Scheelbleierz* 132
- Scheelit 196
- *Scherbenkobalt* 90
- Schneiderhöhnit 90
- Scholzit 148
- *Schrifterz* 76
- Schulenbergit 128
- Schwefel 118
- *Schwefelkies* 104
- Schwerspat 148
- *Selenit* 122
- Sellait 198
- Semseyit 82
- Senarmontit 124
- Serpentin 190
- Serpierit 164
- Shortit 146
- Siderit 160
- Siegenit 92
- Silber 134
- Silberglanz 78
- Sillimanit 232
- Skapolith 220
- Skleroklas 34
- Skolezit 204
- Skorodit 168
- Skutterudit 106
- Smithsonit 152
- Sodalith 216
- Soerensenit 208
- Spangolith 60
- *Speckstein* 112
- *Speerkies* 106
- *Speiskobalt* 106
- Sperrylith 108
- Spessartin 236
- *Sphalerit* 36
- Sphen 204
- Spinell 242
- Spodumen 232
- Sursassit 38
- Switzerit 126
- Sylvanit 76
- Sylvin 118
- Synchisit 184
- Staurolith 238
- *Steatit* 112
- Steinsalz 120
- Stephanit 80
- Stewartit 140
- Stilbit 170

- Stolzit 132
- Strengit 170
- *Strohstein* 202
- Strontianit 156
- Strunzit 140
- Talk 112
- Talmessit 200
- Tarbuttit 180
- Tennantit 86
- Tenorit 92
- Tetraedrit 90
- Tetradymit 74
- Thaumasit 154
- Thomsenolith 118
- Thomsonit 202
- Thorianit 102
- Thortveitit 226
- *Tinkal* 122
- Tirolit 50
- *Titaneisenerz* 98
- Titanit 204
- Topas 246
- Torbernit 52
- Tremolit 212
- Tridymit 236
- Triphyllin 178
- Triplit 198
- Tsumcorit 32
- Türkis 212
- *Tungstein* 196
- Tunisit 184
- Turmalin 236
- Tuscanit 212
- Ullmannit 102
- *Uraninit* 102
- Uranocircit 24
- Uranophan 24
- *Uranotil* 24
- Uwarowit 230
- Valentinit 132
- Vanadinit 130
- Variscit 164
- Vauxit 154
- Vesuvian 228
- Vivianit 116
- Vladimirit 200
- Wagnerit 202
- Wakabayashilit 22
- Walpurgin 30
- Wardit 196
- Wavellit 166
- Weinschenkit 140
- *Weißbleierz* 152
- *Weißnickelkies* 100
- Weloganit 154
- Whiteit 190
- Whitlockit 142
- Willemit 208
- Wismut 78
- *Wismutglanz* 76
- Witherit 150
- Wolfeit 198
- Wolframit 38
- Wollastonit 190
- Woodhouseit 182
- *Würfelerz* 126
- Wulfenit 150
- Wurtzit 34
- Xenotim 190
- Yugawaralith 184
- Zaratit 58
- Zeophyllit 148
- Zeunerit 52
- Zinkblende 36
- *Zinkblüte* 124
- Zinkspat 152
- Zinnober 16
- Zinnstein 226
- Zinnwaldit 138
- Zirkon 242

Ein GU Naturführer

CIP-Kurztitelaufnahme der
Deutschen Bibliothek

Hochleitner, Rupert:
GU-Naturführer Mineralien und Kristalle: Mineralien nach Strichfarben
bestimmen/Rupert Hochleitner. -
1. Aufl. - München: Gräfe und Unzer, 1986.
ISBN 3-7742-2438-2

© 1986 Gräfe und Unzer GmbH,
München
Alle Rechte vorbehalten. Nachdruck,
auch auszugsweise, sowie Verbreitung durch Film, Funk und Fernsehen, durch fotomechanische Wiedergabe, Tonträger und Datenverarbeitungssysteme jeder Art nur mit
schriftlicher Genehmigung des Verlages.

Redaktionsleitung: Hans Scherz
Redaktionelle Bearbeitung:
Doris Schimmelpfennig-Funke
Lektorat: Ursula Kopp
Herstellung: Helmut Giersberg

Zeichnungen: Thomas Feile
Einbandgestaltung:
Heinz Kraxenberger
Reproduktion:
Graphische Anstalt E. Wartelsteiner
Satz und Druck: Druckerei G. Appl
Bindung: Conzella, Verlagsbuchbinderei Urban Meister
ISBN 3-7742-2438-2

Der Autor: Rupert Hochleitner, Diplom-Mineraloge am Institut für Kristallographie und Mineralogie in München, Spezialgebiet: Systematische Mineralogie. Dozent für Mineralogie an der Volkshochschule München. Chefredakteur der Mineralienzeitschrift: »Lapis«.

Die Fotografen:
Die hier nicht aufgeführten Fotos stammen vom Autor des Buches.
Der Autor dankt der Mineralogischen Staatssammlung München für die Genehmigung zum Fotografieren einiger Exponate.

Betz: Seite 11/4, 25/5, 53/1, 2, 4, 55/1, 67/3, 69/1, 2, 77/4, 87/4, 91/1, 2, 109/1, 117/5, 119/4, 5, 133/4, 135/4, 137/4, 149/5, 153/1, 181/5, 193/1, 2, 3, 203/2, 205/4, 213/5, 231/3, 243/1, 247/6. Esser: Seite 19/5, 21/1, 35/3, 37/3, 39/1, 45/4, 55/3, 57/2, 65/1, 69/4, 73/1, 79/4, 89/4, 99/2, 101/3, 109/2, 123/5, 125/1, 3, 127/1, 131/3, 133/5, 149/1, 2, 171/1, 175/4, 189/2, 201/3, 211/2, 213/2, 217/4, 219/1, 225/1, 3, 5, 229/2, 3, 231/5, 237/1, 239/5, 241/2, 247/5. Huber: Seite 45/3, 51/4, 53/5, 65/3, 67/2, 5, 77/2, 81/1, 93/1, 97/1, 103/1, 109/3, 111/5, 113/2, 115/3, 117/3, 119/3, 129/2, 133/2, 139/4, 143/1, 149/4, 161/3, 169/1, 183/5, 191/1, 5, 195/1, 199/3, 203/1, 207/1, 209/5, 217/1, 2, 219/6, 235/1, 237/5, 241/5, 249/2. Künzel: Seite: 93/5, 155/5, 187/5, 209/1, 225/2. Lapis: Seite 231/2, 233/1. Leis: Seite 37/4, 107/3. Lieber: Seite 45/2, 75/3, 77/5, 79/2, 81/2, 3, 103/4, 111/2, 119/1, 123/2, 143/4, 151/2, 191/4, 197/1, 205/5. Ludwig: Seite 7/2. Medenbach: Seite 13/2, 19/3, 39/3, 67/1, 85/1, 89/1, 107/5, 151/1, 201/4. Offermann: Seite 13/4, 5, 21/4, 23/1, 25/3, 4, 33/3, 37/2, 43/5, 55/4, 73/5, 87/1, 3, 93/3, 97/4, 105/3, 5, 123/4, 135/1, 153/2, 165/3, 181/3, 185/3, 191/2, 205/3, 207/2, 5, 209/4, 211/1, 213/3, 219/3, 221/3, 223/4, 229/4. Rassenberg: Seite 7/4, 9/1, 2, 15/3, 21/5, 29/4, 43/2, 51/3, 59/5, 71/4, 77/3, 101/1, 105/4, 121/1, 129/1, 3, 165/1, 169/3, 215/3. Rewitzer: Seite 15/4, 29/3, 93/1, 103/2, 109/5, 135/2, 137/3, 145/3, 159/5, 161/1, 169/5, 201/5. Rothenberg: Seite 41/1, 167/1, 221/5. Ruprecht: Seite 149/3, 175/3. Standfuß: Seite 99/4. Stemvers: Seite 35/1.

Bei folgenden Firmen können Strichtafeln, Härteskalen und andere
Zubehörartikel auf dem Versandweg bestellt werden:
Kristalldruse Versandabteilung, Oberanger 6, 8000 München 2
Kosmos Service, Postfach 640, 7000 Stuttgart 1
I. u. W. Muster GDBR Industriestr. 10, 8551 Adelsdorf

Aggregatformen

Aggregate sind Verwachsungen mehrerer Kristalle. Sie können unterschiedliches Aussehen haben. Verschiedene Mineralien können die gleiche Aggregatform aufweisen.
Die wichtigsten Aggregatformen, die immer wieder auftreten, werden im folgenden an Mineralbeispielen gezeigt.

1. Kugeliges Aggregat (Pyrit von Rettigheim/Heidelberg).
2. Blättriges Aggregat (Phlogopit vom Campolungo, Schweiz).
3. Skelettförmiges Aggregat (Perowskit von Üdersdorf/Eifel).
4. Nieriges Aggregat (Hämatit von Egremont, Großbritannien).
5. Rosettenförmiges Aggregat (Kobaltblüte von Sonora, Mexiko).
6. Radialstrahliges Aggregat (Hydroboracit von Staßfurt, DDR).